W0261192

Störungen an Kältemaschinen

insbesondere deren Ursachen und Beseitigung

Von

Ingenieur **Eduard Reif**
Spezialist der Kälteindustrie

Mit 35 Figuren im Text

Springer-Verlag Berlin Heidelberg GmbH
1914

ISBN 978-3-662-23046-6 ISBN 978-3-662-25011-2 (eBook)
DOI 10.1007/978-3-662-25011-2

Kleemann's
Pumpen-
Packungen
„Excelsior“
für alle Zwecke
Man verlange Specialpreisliste 10
Gustav Kleemann Hamburg!

Vorwort.

Bei dem Bau der Kältemaschinen wird vor allem auf größtmöglichste Betriebssicherheit Wert gelegt. Zeitweise werden inbezug auf Leistungen diesen Maschinen Funktionen anvertraut, für welche die höchsten Anforderungen an zuverlässiges Arbeiten gestellt werden müssen.

Wenn trotzdem in einzelnen Fällen der Besitzer einer Kältemaschine von ihren Diensten nicht befriedigt ist, so liegt das vielfach daran, daß von ihr entweder größere Leistungen verlangt werden, als ihrer Konstruktion zugrunde gelegt sind oder man betreibt sie unter Arbeitsbedingungen, die ihre Organe schädlich beeinflussen.

In vielen Fällen wird ihnen auch die geringe Pflege, die sie bedürfen, vorenthalten, sodaß kleine Unregelmäßigkeiten, welche sich aus irgend einem Grunde eingestellt haben, im Laufe der Zeit zu schweren Fehlern auswachsen können. Machen sich dann Störungserscheinungen bemerkbar, die den Betrieb nachteilig beeinflussen, so kann ein ordnungsgemäßer Zustand oft nur mit größeren Kosten hergestellt werden, während es vielleicht bei etwas Aufmerksamkeit gelungen wäre, mit geringer Mühe die Ursache der Anstände im Keime zu unterdrücken. Es soll nun der Zweck dieses Leitfadens sein, dem mit der Untersuchung betrauten Fachmanne Fingerzeige zu geben, wie vorkommende Störungen richtig erkannt und beseitigt werden.

Auch den mit dem Betrieb von Kältemaschinen betrauten Maschinenmeistern, Monteuren, Installateuren und Werkführern soll dieses kleine Buch ein Ratgeber und Führer sein, wie es auch dem Revisionsingenieur gute Dienste leisten wird.

In der Einleitung wird in möglichst knapper Form die heute in der Praxis verbreiteten Maschinengattungen behandelt, wobei namentlich deren Wirkungsweise und Charakteristik besonders hervorgehoben wird.

Theoretische Erörterungen, sowie weitgehende Untersuchungsmethoden sind vermieden worden, da dies Büchlein aus der Praxis für die Praxis geschrieben ist.

Im Anhang ist ein besonderes Kapitel über Betriebsinstruktionen für Dampfmaschinen und die Behandlung elektrischer Maschinen aufgenommen, da diese Maschinen fast überall in Verbindung von Kältemaschinen in Betrieb sind.

Am Schlusse sind Tabellen und Rezepte für den praktischen Gebrauch mit angefügt.

Ravensburg, Frühjahr 1914.

Der Verfasser.

Inhalts-Verzeichnis.

I. Einleitung.

II. Allgemeine Störungen an Kältemaschinen.

III. Allgemeines
zur Instandsetzung und Behandlung der Kältemaschinen.

IV. Betriebsvorschriften für Dampfmaschinen.

V. Betriebsvorschriften für elektrische Anlagen.

VI. Vorsichtsbedingungen für elektr. Licht- u. Kraftanlagen.

VII. Wiederbelebung der vom elektrischen Strom Getroffenen.

VIII. Praktische Verfahren und Rezepte.

IX. Anhang.

I. Einleitung.

Als Kältemaschinen haben die Kompressions-Maschinen (auch Kaltdampfmaschinen genannt), die weiteste Verbreitung gefunden und sollen in diesem Leitfaden auch diese nur behandelt werden.

Das Wesen der Kompressions-Kältemaschine gründet sich in der Hauptsache auf dem bekannten physikalischen Grundsatz, daß zum Verdampfen einer Flüssigkeit Wärme notwendig ist, während beim Verflüssigen eines Dampfes Wärme frei wird.

Als Kältemedien stehen zur Zeit drei flüchtige Flüssigkeiten in erfolgreichem Wettbewerb: NH_3, SO_2, CO_2, wonach man drei Kältemaschinensysteme unterscheidet:

Ammoniak-Kältemaschinen,
Schwefligsäure-Kältemaschinen,
Kohlensäure-Kältemaschinen.

Alle drei Systeme bestehen im wesentlichen aus folgenden Hauptorganen:

1. Dem Kompressor oder Verdichter,
2. „ Kondensator oder Verflüssiger,
3. „ Refrigerator oder Verdampfer.

Aus dem Schema Fig. 1 geht die Wirkungsweise wie folgt hervor. Der Kompressor A ist eine doppelwirkende Saug- und Druckpumpe, die das Gas aus dem Refrigerator C absaugt, komprimiert und in die Schlangenröhren des Kondensator B drückt, woselbst es unter dem dort herrschenden Drucke bei gleichzeitiger Abkühlung durch fortwährend zufließendes Kühlwasser kondensiert. Im unteren Teil der Kondensatorschlange B sammelt sich das flüchtige Kältemedium und gelangt durch die Flüssigkeitsleitung nach dem Regulierventil D, welches den Uebertritt der Flüssigkeit nach dem Verdampfer C vermittelt. Bei größeren Kohlensäure-Kältemaschinen geht die CO_2, bevor sie durch das Regulierventil tritt, durch einen sogenannten Flüssigkeitskühler (siehe Abbildung 9).

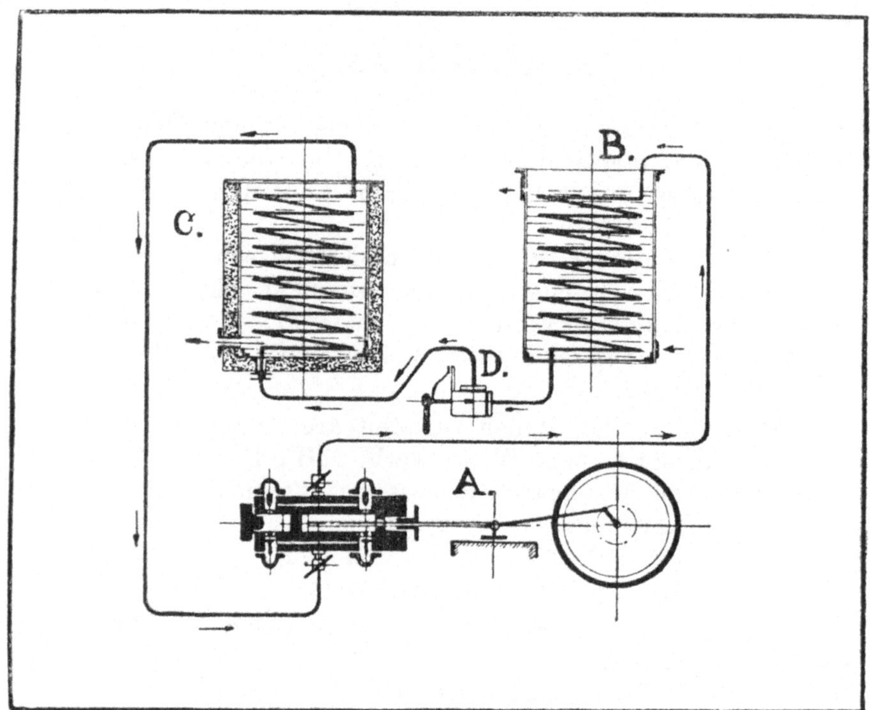

Fig. 1.

Dadurch wird erreicht, daß die bei höherer Temperatur verflüssigte CO_2 bis nahe auf die Kühlwasserzuflußtemperatur abgekühlt wird.

Kompressoren.

Die einzelnen Teile des Kompressors bestehen in:

a) dem Zylinder,

b) dem Kolben mit Kolbenstange,

c) dem vorderen und hinteren Kompressoreckel mit den daran befindlichen Saug- und Druckventilen,

d) der Stopfbüchse.

Die Dimensionen resp. Volumen der Zylinder sind mit Rücksicht auf die Empfindlichkeit der drei verschiedenen Kältemedien und die auftretenden Spannungen verschieden.

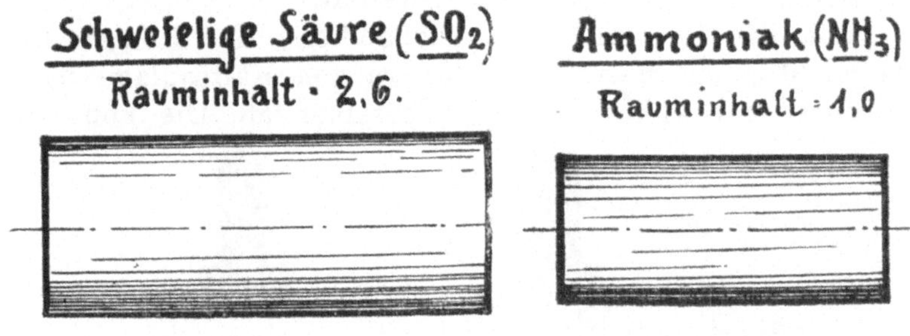

Fig. 2. Fig. 3.

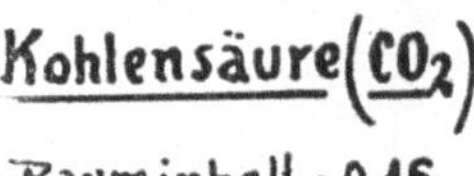

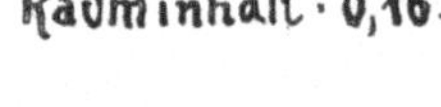

Fig. 4.

In den Figuren 2, 3 und 4 sind die Größenverhältnisse der Kompressionszylinder bei gleicher kalorischer Leistung der drei verschiedenen Medien largestellt. Bei der Schwefligsäure sind die Drücke im Zylinder gering. bei Ammoniak mäßig und bei Kohlensäure am höchsten. Die Zylindervolumen stehen im umgekehrten Verhältnis zu den Drücken.

In den Figuren 5, 6 und 7 sind Schnitte von den Kompressoren der drei genannten Kältemaschinensysteme dargestellt und zwar ist Figur 5 ein Zylinder eines Ammoniak-Kompressors, Fig. 6 ein solcher eines Kohlensäure-Kom-

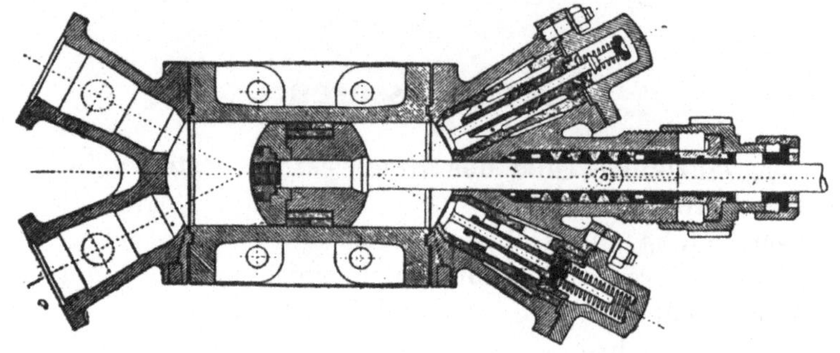

Fig. 5.

pressors, während Fig. 7 ein Zylinder einer stehenden Schwefligsäure-Kältemaschine darstellt.

Von der Bedienung und Behandlung des Kompressors als wichtigstem Bestandteil der ganzen Kälteanlage hängt im wesentlichen die Leistung derselben ab. Die konstruk-

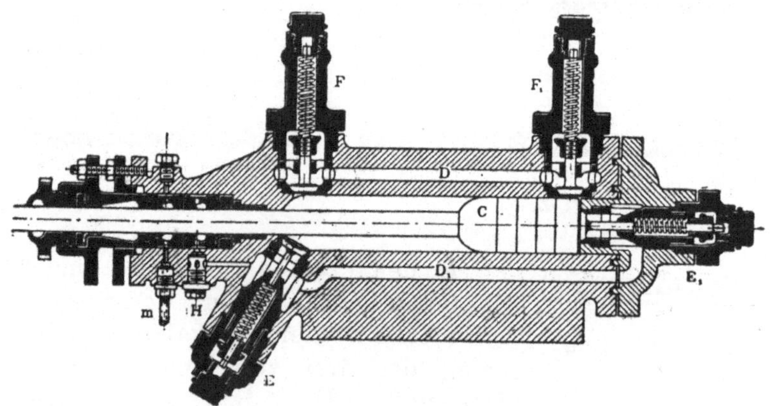

Fig. 6.

tive Durchbildung des Kompressors in Verbindung mit richtiger Anordnung der zur Anlage gehörigen Apparate und Rohrleitung ist Haupterfordernis. Die bauliche Durchbildung dieser Hauptteile ist bei den einzelnen Systemen verschieden, aber alle Ausführungen beruhen auf gleichen Grundlagen, die bedingt werden durch die Arbeitsweise der Kompressions-Kältemaschinen und die Eigenschaften der Kälte-Medien.

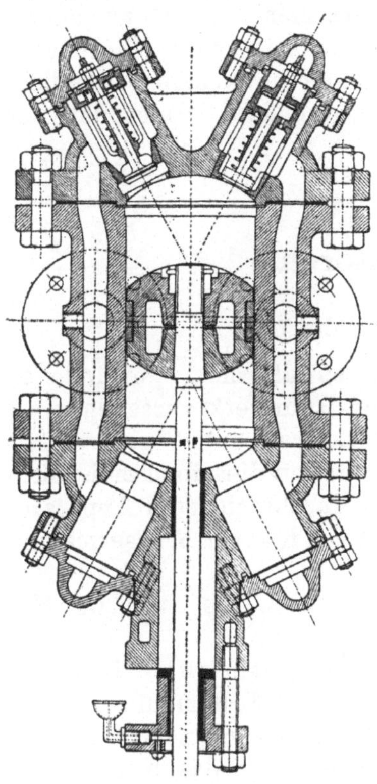

Fig. 7.

Besondere Verschiedenheiten zeigen die drei Kältemedien im Betrieb bei der Schmierung des Kolbens und der Kolbenstange. Nicht allein die tiefen Temperaturen erfordern eine ganz besondere Auswahl der Schmieröle, sondern insbesondere deren neutrales Verhalten zum Kältemedium und den Materialien.

Bei NH_3 wird reines Kompressoröl zur Schmierung verwendet, während bei CO_2 sich reines wasser- und säurefreies Glyzerin bewährt hat.

Bei SO_2 ist eine Schmierung des Zylinders nicht nötig, da die schlüpfrige Beschaffenheit der Schwefligsäure selbstschmierend auf den Kolben wirkt. Zylinder und Stopfbüchse sind bei diesen Maschinen mit einem äußeren Hohlraum versehen, durch den beständig Kühlwasser fließt, welches den Zweck hat, einen Teil der durch die Kompressionsarbeit entstandenen Wärme abzuführen und so ein zu starkes Erwärmen des Zylinders zu vermeiden.

Außerdem wird aber durch die Kühlung des Kompressors eine bessere Schmierung des Kolbens erzielt, indem durch die Einwirkung des Kühlwassers ein Niederschlag von kleinen Flüssigkeitsbläschen auf der inneren Zylinderfläche hervorgerufen wird.

Mit Hilfe der Manometer läßt sich der Arbeitsgang der Maschine genau kontrollieren und soll der Maschinenführer diesen stets seine volle Aufmerksamkeit zuwenden.

Auf guten Abschluß der Stopfbüchse muß ganz besondere Sorgfalt verwendet werden, um eine vollkommene Abdichtung des Kältemediums gegen die äußere Atmosphäre zu erreichen.

Kondensatoren.

Diese sind verschiedener Ausführung:

1. als Tauchkondensatoren mit spiralförmig gewundenen Schlangen und meist mit einem Rührwerk versehen;
2. als Flächenberieselungskondensatoren mit Wasserverteilungsrohren und Sammelschale finden dieselben meist ihre Aufstellung auf dem Dache des Maschinen- oder Apparateraumes und werden dort angewendet, wo Wassermangel herrscht;
3. als runde Berieselungskondensatoren, die auch im Maschinenraum aufgestellt sind;
4. Röhrenkondensatoren aus doppelt ineinander liegenden Röhren, in dessen innerem Rohr das Kältemedium zirkuliert und in dem ringförmigen Zwischenraum zwischen innerem und äußerem Rohr bewegt sich das Kühlwasser.

Das Kühlwasser, welches in normalen Fällen meistens eine Temperatur von + 10° C. hat, bewegt sich bei Tauchkondensatoren im Gegenstrom zu dem Kältemedium über die Rohrschlangen.

Tauchkondensatoren benötigen große Wassermengen und erschweren die Reinigung bei schmutzigem Wasser, daher ist es notwendig, daß nur sauberes Wasser verwendet wird.

Nachteilig ist ferner die Möglichkeit des Ansetzens von Luftblasen an den Schlangen, wodurch der Wärmeaustausch beeinflußt wird. Bei gleicher Kälteleistung des Berieselungskondensators gegenüber dem Tauchkondensator benötigt ersterer etwa zwei Drittel weniger Wasser als der Tauchkondensator.

An Orten mit natürlicher Luftzirkulation sind Berieselungskondensatoren mit Vorteil anzuwenden.

Nachteilig ist bei ihnen, daß die Flüssigkeit mit der Temperatur des erwärmten Kühlwassers abfließt und infolge der Parallelströmung von Wasser und Kältemedium höherer Kondensatodruck eintritt.

Die Möglichkeit, die Rohrfläche während des Betriebes zu reinigen, der geringe Wasserverbrauch und die Annehmlichkeit, ev. Undichtheiten sofort zu erkennen, sind schätzbare Vorteile des Berieselungskondensators.

Refrigeratoren.

Diese können bestehen aus:

1. Eisengeneratoren mit seitlich oder unten liegenden langgewundenen Verdampferschlangen;
2. Salzwasserkühler in runden oder viereckigen Gefäßen mit Rührwerk;
3. Süßwasserkühler in runden oder viereckigen Gefäßen mit Rührwerk;
4. Luftkühlapparaten für direkte Verdampfung;
5. Rippen- oder Schlangenröhren für direkte Verdampfung, in Raum eingebaut;
6. Flüssigkeitskühlern für direkte Verdampfung; für Wasser, Milch, Rahm, Bier, Lauge etc.

Bei Refrigeratoren mit Salzwasserkühlung ist die Hauptsache, daß die Konzentration der Salzlösung von Zeit zu Zeit nachgeprüft wird, um die Eisbildung an den Refrigeratorschlangen zu verhindern.

Die Bereitung der Sole für die Salzwasserkühler soll nur unter der Verwendung reinen Gewerbesalzes, das mit Petroleum oder kalzinierter Soda (2%) denaturiert ist, geschehen.

Salz, das mit Eisenvitriol denaturiert ist, darf keinen Sodazusatz bekommen.

Kristallbildungen an den Verdampferschlangen rührt von Glaubersalz her.

Zur Verhütung des starken Anfressens der Rohrschlangen wird Kochsalzlösungen vorteilhaft 1 bis 2% Hydrolit zugesetzt. Dasselbe ist in Kochsalzlösungen leich löslich, säurefrei und absolut geruchlos. Es hat die Eigenschaft Unreinigkeiten, welche in Kochsalzlösungen mehr oder weniger vorkommen, niederzuschlagen und gelöste Luft auszutreiben. Außer Kochsalz (Chlornatrium) kommen noch Chlorkalzium und Chlormagnesium zur Solebereitung in Anwendung. (s. Seite 42).

Die Auflösung und Zubereitung der Sole soll in einem besonderen Gefäß bewirkt und erst nach dem Absetzen des Schlammes die Sole nach dem Salzwasserkühler geleitet werden.

Leitungen.

Der Verlauf der Leitungen zur Verbindung der einzelnen Apparate veranschaulicht die Fig. 8, welche ein Schema einer Ammoniak-Kältemaschine darstellt. Die Bezeichnungen der Leitungen und der Apparate wurden der Deutlichkeit halber direkt in die Abbildung eingeschrieben. Die Pfeile geben die Bewegungsrichtung des Kältemediums, der Sole und des Kühlwassers an.

Eine geschickte Anordnung der Leitung ist dringend notwendig, von ihr hängen in nicht unbeträchtlichem Maße Wohl und Wehe der ganzen Anlage ab.

Fig. 9 zeigt ein Schema einer Kohlensäure-Kältemaschine, während Fig. 10 ein solches einer Schwefligsäuremaschine darstellt.

Fig. 8 unterscheidet sich zum Gegensatz der anderen beiden Schemas von CO_2 und SO_2, welche man in ihren Grundzügen zusammenfassen kann, dadurch, daß ein Oelabscheider und Oelsammler vorhanden ist.

Bei Flüssigkeitsleitungen zwischen Verdampfer und Regulierventil ist zu beachten, daß diese nicht auf- und abgehend angelegt sind.

Sole.
S.
D.
Regulir-Ventil.
Sole
Verdampfer.
Kühlw. Zu.
Kondensator.
Kühlw. Ab.
Rückschlagventil.
Kompressor.
Seiher.
Ölabscheider.
Ölsammler.

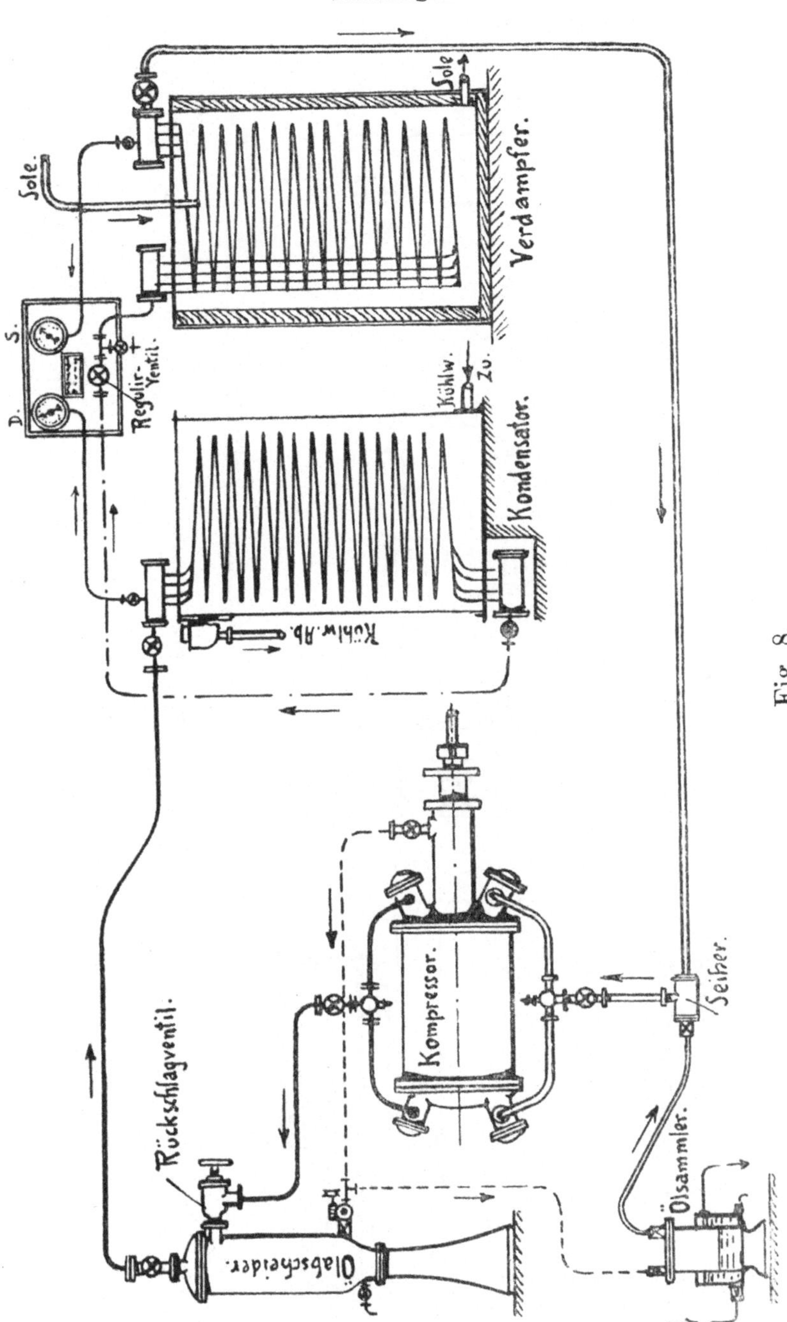

Fig. 8.

Kompressor.
Siebtopf.
Überlauf.
Kondensator.
Flüssigkeits-Abscheider.
Flüssigkeitskühler.
Saugleitung.
Kühlwasser-Zulauf.
CO2 Flasche.
Flüssigkeitsltg.
Manometer.
Regulierung.
Luftkühlapparat.
Kühlrohrsystem.
Eisgenerator.
Solepumpe.
Solerohrsystem.
Flüssigkeitsleitung wenn kein Vorkühler vorhanden ist.

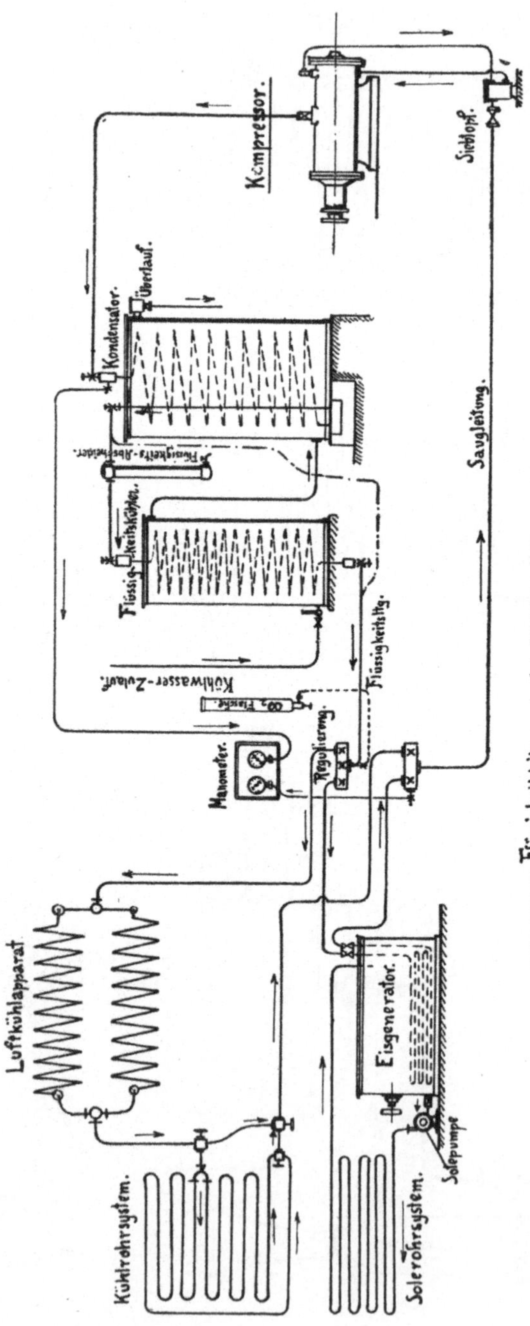

Fig. 9.

Druckltg.
Saugltg.
Sole.
Sole
Verdampfer.
Regulirventil.
Kondensator.
Kühlw.

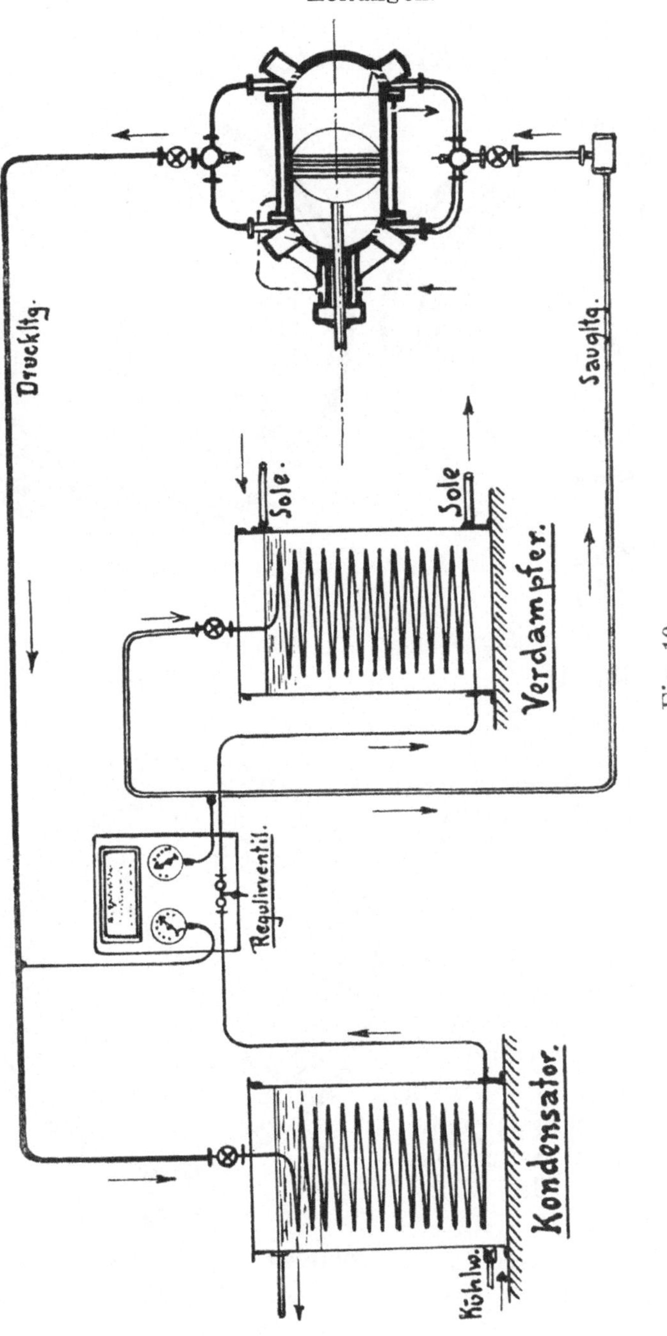

Fig. 10.

Manometer.

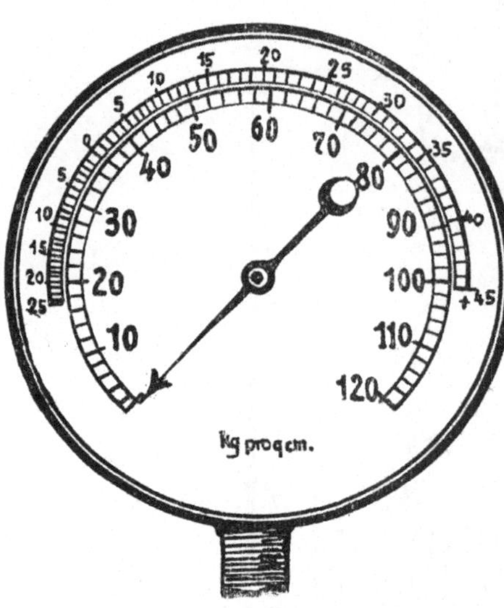

Manometer für Schwefligsäure.
Fig. 11.

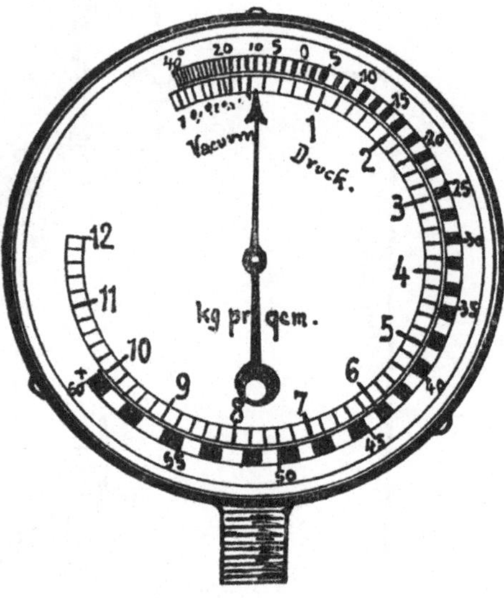

Manometer für Kohlensäure.
Fig. 12.

Diese zeigen an:

1. genau den Kondensatordruck, welcher der Temperatur des abfließenden Kühlwassers entsprechend sein muß (s. S. 57),
2. genau den Verdampferdruck, welcher der Temperatur des Salzbades im Refrigerator entsprechen muß,
3. jedes unrichtige Funktionieren der Saug- und Druckventile des Kompressors,
4. das Vorhandensein von Luft in der Maschine.

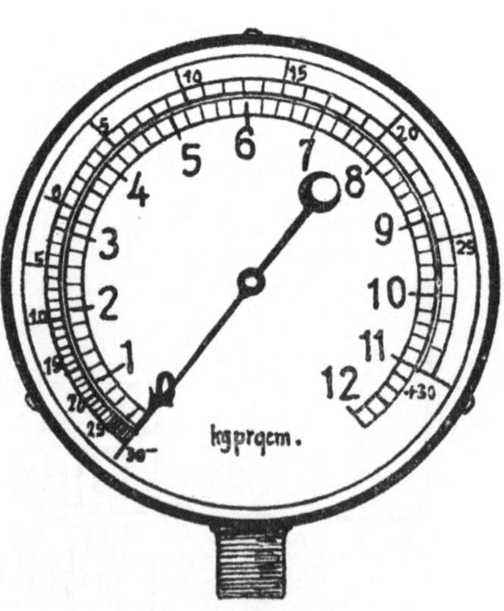

Manometer für Ammoniak.
Fig. 13.

Die Einteilung der Skala der Manometer ist bei den 3 genannten Kältemedien verschieden und veranschaulichen die vorstehenden Fig. 11, 12 und 13 dieselben.

Die Außenperipherie der Skala gibt die Temperaturen in Celsius-Graden an und auf der inneren sind die Drücke in Atmosphären-Ueberdruck abzulesen.

Säcke sind in den Manometerleitungen zu vermeiden, da dieselben unrichtige Druckangaben zur Folge haben.

Die Absperrhahnen in den Manometerleitungen sind so weit zu drosseln, daß die Zeiger der Manometer nur einen ganz kleinen Anschlag geben; starke Auschläge verderben die Instrumente vorzeitig. Beim Stillstand der Maschine sollten diese Hahnen in ihrer Betriebsstellung belassen werden.

Ammoniak-Maschine.

Inbetriebsetzen der Maschine: Bevor man die Maschine in Betrieb setzt, überzeuge man sich, daß

alle Pflockhähne
das Rückschlagventil } ganz offen sind.
und die Kühlwasserleitung

Die beweglichen Maschinenteile müssen frisch geölt werden und die Tropföler sind zu öffnen.

Hierauf wird die Maschine langsam angelassen, wobei darauf zu achten ist, daß sofort der Zeiger des Druckmotors ausschlägt.

Alsdann wird bei mäßiger Tourenzahl das Regulierventil allmählich geöffnet, der Gang der Maschine gesteigert und nach und nach auf die normale Tourenzahl übergegangen wobei den Manometern erhöhte Aufmerksamkeit zuzuwenden ist. Der Hahn auf der Stopfbüchse, in der Verbindungsleitung mit dem Oeltopf oder der Saugleitung muß während des Betriebes stets ganz geöffnet sein.

Während des Betriebes beobachte man die Temperatur des Druckrohres am Kompressor durch Befühlen mit der Hand und stelle darnach das Regulierventil ein.

Abstellen der Maschine. Beim Abstellen der Maschine sind der Reihe nach zu schließen:

1. das Regulierventil,
2. die Absperrventile an der Saugleitung,

worauf man den Kompressor noch einige Umdrehungen machen läßt und ihn dann stillsetzt.

Das Absperrventil in der Druckleitung und das Rückschlagventil dürfen nur bei vollständigem Stillstand geschlossen werden und brauchen nur geschlossen zu werden, wenn die Maschine für längere Zeit außer Betrieb ist.

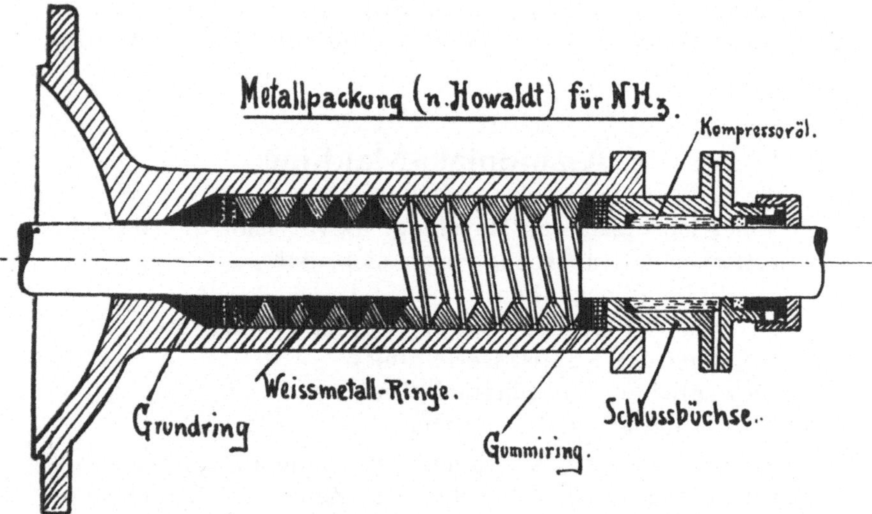

Fig. 14.

Für den normalen Betrieb bleiben sie offen; bei nur kurzer Betriebsunterbrechung genügt es, nur das Regulierventil geschlossen zu halten.

Soll ein Kompressor für Salz- oder Süßwasserkühlung umgestellt werden, so darf dies keinesfalls während des Betriebes stattfinden, sondern es muß jedesmal der Kompresssor stillgesetzt werden.

Erst wenn während des Stillstandes die Pflockhähne der Saugleitung bei geschlossenem Regulierventil umgestellt sind, darf die Maschine wieder langsam angelassen werden. Ganz besonderer Aufmerksamkeit ist der Stopfbüchse während des Betriebes zuzuwenden, um das Warmlaufen der Kolbenstange zu verhüten; auch muß die Oelschmierung stets gut funktionieren.

Die Packung der Stopfbüchse geschieht in der Regel mit Baumwollpackung. Bei einzelnen Typen kommen auch Metallpackungen zur Anwendung.

Vorstehende Skizze, Fig. 14, zeigt eine sachgemäße Metallpackung (Howaldt), die sich in der Praxis bewährt hat.

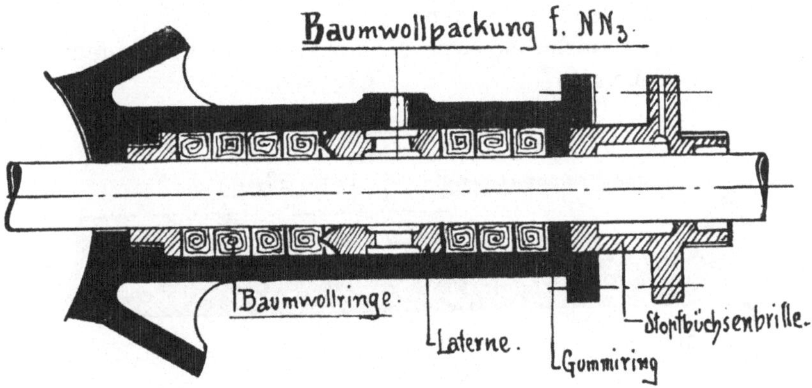

Fig. 15.

In Fig. 15 ist eine Stopfbüchse mit Baumwollpackung dargestellt. Besonders empfehlenswert sind die Rigoit-Stopfbüchsenpackungen der Firma H. Schwieder, Dresden-N., sowie die Ideal-Packungen von Kleemann-Hamburg.

Schwefligsäure-Maschine.

Inbetriebsetzen der Maschine. Bevor man die Maschine in Betrieb setzt, hat man sich zu überzeugen:

1. daß dem Kondensator, dem Zylindermantel und der Kompressorstopfbüchse Kühlwasser in genügender Menge zufließt;

2. sämtliche Hähne und Ventile in der Druck-, Saug- und Flüssigkeitsleitung geöffnet sind;
3. daß alle Schmiergefäße geöffnet sind.

Darauf setzt man die Maschine langsam in Gang und öffnet das Regulierventil, wobei zu beachten ist, daß sofort der Zeiger des Druckmanometers ausschlägt. Alsdann lasse man den Kompressor seine normale Tourenzahl machen.

Abstellen der Maschine. Beim Abstellen der Maschine sind der Reihenfolge nach zu schließen:

1. das Regulierventil;
2. die Absperrventile der Saugleitung;
3. Kompressor stillsetzen;
4. Kühlwasserhähne am Kompressor und Kondensator schließen.

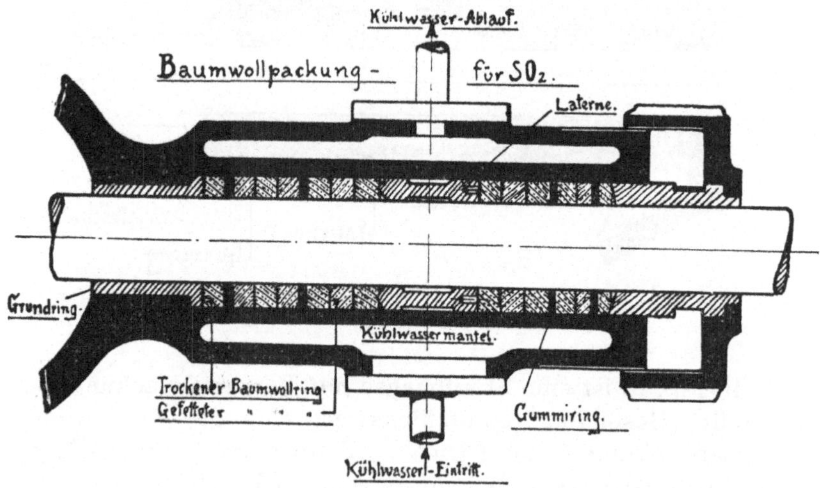

Fig. 16.

Für kurze Betriebsunterbrechungen genügt es, das Regulierventil allein zu schließen. Für das Umstellen des Kompressors zum Arbeiten auf Salz- oder Süßwasser ist genau so zu verfahren, wie dies bei der NH_3-Maschine geschildert ist.

Die Stopfbüchsenpackung besteht meistens aus Baumwollpackung mit flüssigem Talg getränkt, ausgepreßt und in kaltem Zustand eingesetzt.

Fig. 16 zeigt einen Querschnitt durch die Stopfbüchse einer SO_2-Maschine und geht das Nähere aus der Abbildung hervor. Zu bemerken ist dabei besonders, daß als Grundring ein trockener Baumwollring zu verwenden ist, da ein Gummiring für diesen Zweck ungeeignet ist.

Kohlensäure-Maschine.

Inbetriebsetzen der Maschine. Bevor man den Kompressor in Betrieb setzt, überzeuge man sich:

1. daß das Druckabsperrventil am Kondensator ganz offen ist;
2. daß alle Ventile an den Verdampferschlangen ganz geöffnet sind;
3. daß der Glycerinbehälter auf der Stopfbüchse geöffnet ist;
4. daß das Kühlwasser dem Kondensator in genügender Menge zuläuft.

Man setzt hierauf den Kompressor ganz langsam in Betrieb unter Beachtung des Druckmanometers, dessen Zeiger sofort ausschlagen muß. Wenn der Kompressor eine entsprechende Tourenzahl erreicht hat, öffne man das Saugventil am Siebtopf ganz langsam und vorsichtig unter Beobachtung der Temperatur des Druckrohres durch Befühlen mit der Hand. Ist dieses Ventil ganz geöffnet, so öffne man alsdann das Regulierventil und reguliere dann so ein, daß das Druckrohr handwarm bleibt, aber ja nicht heiß wird.

Abstellen der Maschine. Beim Abstellen der Maschine sind der Reihe nach

1. das Regulierventil, dann
2. das Saugventil am Siebtopf zu schließen,
3. nach einigen Umdrehungen setze man den Kompressor dann still.

Die Druckabsperrungen am Kondensator sind nur bei längerem Stillstand der Maschine zu schließen.

Kohlensäure-Maschinen besitzen meist am Zylinder ein Sicherheitsventil, welches mit der Druckseite des Kompressors in Verbindung steht. Wenn aus irgend einem Grunde oder aus Versehen das Druckabsperrventil am Kondensator geschlossen wurde und bei Inbetriebsetzung vergessen wurde, dasselbe zu öffnen, so tritt das Sicherheitsventil der Maschine in Tätigkeit; d. h. die Sicherheitsplättchen werden von dem Ueberdruck im Kompressor zersprengt und die CO_2 entweicht entweder ins Freie, oder nach der Saugleitung.

Sofort schließe man dann die Saugleitung ab und setze den Kompressor still.

Fig. 17 zeigt einen Schnitt durch ein solches Sicherheitsventil. Als Sicherheitsvorrichtung dient ein in dem Gehäuse dicht eingeklemmtes Gußeisenplättchen. Bei einzelnen Firmen werden auch dünne Kupferplättchen angewendet.

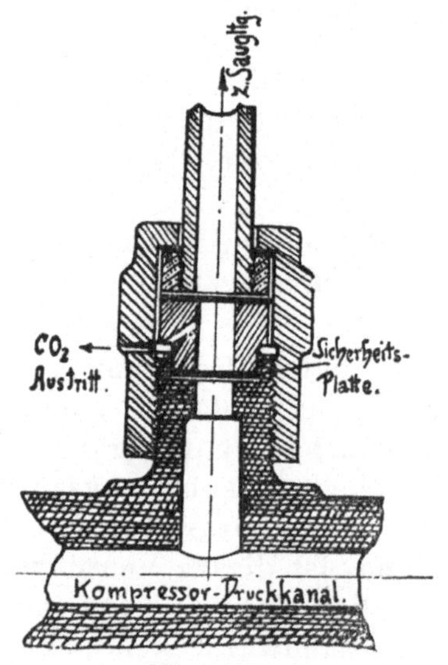

Fig. 17.

Es diene dringend zur Warnung, andere Plättchen zu verwenden, als wie solche zum Kompressor gehören und dieselben nur von dem Kompressorlieferanten zu beziehen, da andernfalls großes Unheil angestellt werden kann.

Die Stopfbüchsenpackung besteht meistens aus Ledermanschetten mit darüberliegenden Gummiringen.

Die Schmierung der Stopfbüchse und des Kompressorzylinders erfolgt mit wasserfreiem Glyzerin. Die Laterne steht mit dem Saugkanal des Kompressors in Verbindung, wodurch der Druck auf die Stopfbüchse bis auf die Saugspannung erniedrigt wird.

Läßt sich die Stopfbüchse nicht mehr anziehen, so sind die Manschetten gegen neue auszuwechseln.

In Fig. 18 ist eine Schnittzeichnung einer Stopfbüchsenpackung dargestellt und dürfen sämtliche Teile nur in der bezeichneten Reihenfolge eingebaut werden.

Die **Huhn'sche Metallpackung,** die in Fig. 19 dargestellt ist, besitzt die Eigenschaft, daß sie bei allen drei Kältemedien

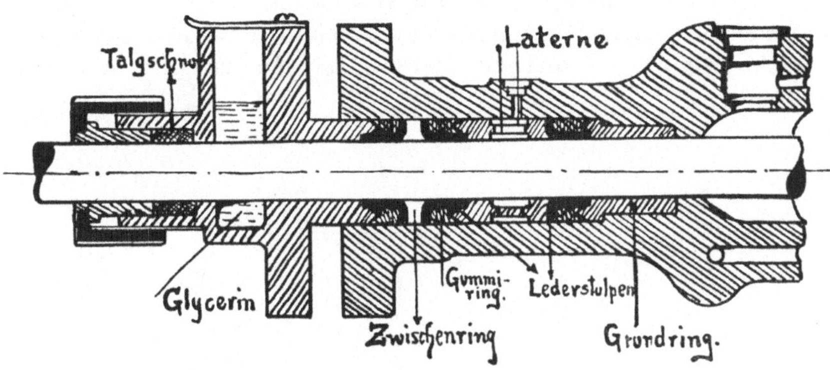

Fig. 18.

gleich gut verwendet werden kann. Die Grundidee der Huhn-Packung basiert auf einem hohlen, metallenen Dichtungsring,

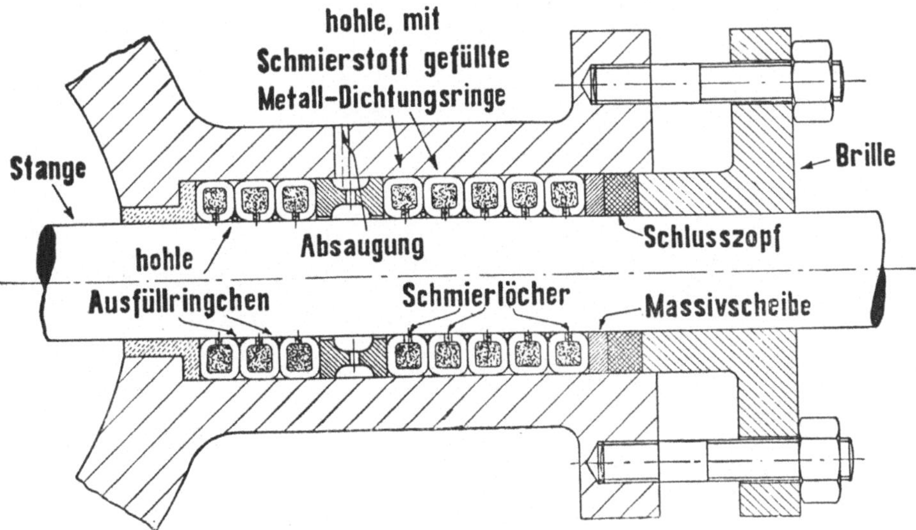

Fig. 19.

welcher mit Schmierstoff gefüllt ist. Durch Verengung des Querschnittes vermittelst Anziehen der Ringe bei der Montage tritt der Schmierstoff durch die an der inneren Peripherie der Ringe angebrachten Oeffnungen aus und lagert sich als Schmierkissen in den Rillen zwischen den Ringen und den Dichtungsflachen ab.

Aus der Illustration ist die Anordnung der Ringe deutlich ersichtlich. Die Vorteile einer solchen Packung brauchen nicht weiter erörtert zu werden, sie liegen klar auf der Hand.

II. Allgemeine Störungen an Kältemaschinen.

Die Störungen, welche an Kältemaschinen eintreten können, sind hauptsächlich zurückzuführen auf:

Konstruktions- und Montagefehler,
Abnützung wichtiger Organe,
Ueberlastungen,
falsche Bedienung,
schlechte Unterhaltung.

Es ist fast unmöglich, alle Einzelfälle vorauszusehen, die eintreten können, denn man müßte hierbei den besonderen Betriebsbedingungen einer jeden Anlage Rechnung tragen. Eine genaue Prüfung der verschiedenen Teile der Anlage und regelmäßig durchgeführte Revisionen von Spezialingenieuren, einmal im Sommer bei vollem Betrieb der Anlage und einmal im Winter bei auseinander genommenem Kompressor und herausgezogenen Schlangen bei den Apparaten, ermöglichen jedoch fast immer, die Störungen zu lokalisieren und rasch zu beseitigen und so Beschädigungen fernzuhalten. Ursachen, die öfters schwierig zu erkennen sind, die aber ganz einfacher Art sein können, genügen zuweilen, um eine völlige Betriebsunterbrechung hervorzurufen.

Die Verunreinigung der Lager kann eine Störung bilden, insofern sich beim undichten Verschluß der Lagerdeckel Staub, Fremdkörper oder dergl. ablagern und das Schmieröl durchsetzen. In diesem Falle ist das Schmieröl zu entfernen, der Behälter zu reinigen und die Lagerschale sorgfältig mit Petroleum zu reinigen und Oel besserer Qualität zu benutzen.

Auch ist es zweckmäßig, die Schmierrinnen der Lagerschalen zu säubern und, falls erforderlich, mittelst Meisel oder eines Bimsteines zu vergrößern.

Unzulässige Erwärmung der Lager. Sofern eine Erwärmung der Lager das zulässige Maß überschreitet, ist es erforderlich, nach den Ursachen dieser unnormalen Erwärmung zu forschen.

In erster Linie sehe man nach der Schmierung. Die meisten modernen Kältemaschinen besitzen Ringschmierlager und hat der Schmierring den eineinhalbfachen Durchmesser der Welle. Die Ringe ruhen auf der Welle und werden durch die Rotation mitgenommen. Der untere Teil dieser Ringe taucht in den Schmierölbehälter ein und wird durch die Bewegung der Ringe Oel heraufgeschöpft, das sich auf der Welle und in den Lagern ausbreitet und wieder zurücktropft. Alles, was diese Oelzirkulation hindert, verschlechtert die Schmierung und kann infolgedessen eine zu starke Erwärmung und selbst ein Einfressen der Lager hervorrufen. Es können Mängel besonderer Art eintreten, z. B.

Der Oelring dreht sich nicht. In diesem Falle ist zunächst nachzusehen, ob der Ring auf der Welle gut aufliegt und ob nicht irgend ein Fremdkörper ihn an der Drehung hindert. Wird festgestellt, daß er sich nur hie und da dreht, so schließt man daraus, daß er verletzt ist, und ist derselbe auszuwechseln.

Dreht sich der Schmierring zu langsam, so rührt das meist davon her, daß das Oel schlecht oder zu dickflüssig ist, und infolgedessen der Bewegung des Ringes einen zu großen Widerstand bietet; es ist dann besseres, dünnes Oel einzufüllen.

Wird der Oelbehälter zu rasch leer, was etwa davon herrührt, daß er rinnt, daß infolge zu rascher Bewegung der Ringe das Oel wegspritzt, oder daß infolge zu starker Ventilation das Oel herausgesaugt wird, so entleere man zunächst das Lager. Wenn das Oel durch den durchlässig gewordenen gußeisernen Behälter hindurchgeht, so verkleidet man letzteren im Innern mit Mennige, und falls dies nicht genügt, wird das Lager mit Komposition ausgegossen. Sofern das Oel aus der Verbindungsleitung des vorhandenen Oelstandsanzeigers heraustritt, wechselt man die zur Abdichtung bestimmte Bleiplatte aus und zieht die Schraube, welche sie festhält, fest an. Auch wird des öfteren das Oel von den

Ringen mitgenommen und gegen den Lagerdeckel geschleudert oder von außen her ausgesaugt.

Geräusch oder Klopfen der Triebwerksteile. Falls man jedesmal vor Inbetriebsetzung einer Kältemaschine alle Organe, die sich lockern können, untersucht, lassen sich ohne weiteres etwaige schadhafte Stellen von vornherein feststellen und unvermeidliche Störungen beschränken. Es kann der Fall eintreten, daß der Keil der Schubstange oder Kolbenstange am Kreuzkopf sich lockert und sich ein Klopfen während des Ganges der Maschine wahrnehmbar macht. Vielfach ist nicht sofort zu erkennen, ob der Schlag im Kreuzkopf, Kurbelzapfen, oder im Hauptlager sitzt. Die Maschine ist dann sofort abzustellen und sind diese Teile nachzusehen. Wenn die Rotgußlager im Kreuzkopf etc. zu viel Spiel haben, wodurch leicht obiger Mißstand eintreten kann, so ist seitlich oder unten dünnes, in Oel getränktes Papier zu unterlegen. (siehe unten betr. Auswechselung der Kolbenstange).

Kolbenstange wird zu warm. Die Stopfbüchse ist entweder zu stark oder ungleichmäßig angezogen. Wird die Stopfbüchse beim Nachlassen leicht undicht, so ist die Pakkung zu erneuern. Fängt die Kolbenstange an warm zu werden, so ist sofort mit ganz kaltem Druckrohr zu arbeiten, damit Abkühlung eintritt. Dies wird erreicht durch vorsichtiges Oeffnen des Regulierventils.

Auch kann der Fehler an mangelhafter Schmierung liegen. Bleibt die Kolbenstange trotz sorgfältiger Behandlung und guter Schmierung dauernd warm, so kann der Fehler auch im ungenauen Ausrichten des Zylinders bei der Montage liegen.

Zur Kontrolle, ob ein solcher Fehler vorliegt, probiere man, ob der Rotgußring in der Ueberwurfmutter der Stopfbüchse sich in jeder Kolbenstellung auf der Kolbenstange leicht drehen läßt.

Auswechselung der Kolbenstange. Jede Kolbenstange nützt sich auch bei regulärem Betrieb in der Weise ab, daß sie an der Oberfläche rauh und in der Mitte schwächer wird. Die Folge davon ist, daß die Stopfbüchse nicht mehr dicht zu halten ist und die Packung sehr häufig erneuert werden muß; es bleibt daher nichts anderes übrig, als die Stange gegen eine neue oder egalisierte auszuwechseln.

Vor Wiederinbetriebsetzung der Maschine ist der schädliche Raum beim Hubwechsel an den Zylinderenden auf gleichen Spielraum einzustellen. Bei herausgenommenen Druckventilen hält man einen schmalen, weichen Bleistreifen in den Zylinder und läßt denselben bei von Hand umgedrehtem Schwungrad von Kolben auf das Maß des Spielraumes zusammendrücken. Die gleiche Untersuchung ist nötig, wenn am Kreuzkopf oder der Schubstange etwas nachgeholfen bezw. etwas geändert wurde.

Wenn Stöße in der Maschine auftreten, so rührt das meistens von Störungen in der Funktion der inneren Organe des Kompressors her. Entweder ist der Kolben oder die Ventile undicht, was sich auch durch den Rückgang der Kälteleistung bemerkbar macht, wobei sich das Regulierventil mehr wie gewöhnlich schließen läßt (s. auch Seite 36). Feder-, Ventil- oder Ventilführungsbruch zeigen ähnliche Erscheinungen wie oben angeführt. Lösung der schlecht angezogenen Kolbenmutter kann ebenfalls die Ursache solcher Stöße sein.

Sofortiges Abstellen und Untersuchen ist dringend nötig, da ein weiteres Arbeiten mit Gefahr verbunden sein würde.

Undichte Stellen und dergleichen Flanschverbindungen lassen sich wie folgt erkennen:

Bei NH 3: 1. durch Geruch,
2. durch Absuchen mit einem brennenden Schwefelfaden, wobei das NH 3 als milchweißer Dampf heraustritt.

Seifenwasser ist n i c h t verwendbar, da NH_3 vom Wasser absorbiert wird. Liegen die Undichtheiten u n t e r W a s s e r im Kondensator oder Verdampfer, so erkennt man das Ausströmen von NH_3 durch ganz feine aufsteigende Bläschen bei abgestelltem Rührwerk und Kühlwasserzulauf; auch Kalkniederschlag im Kondensator weist auf Entweichen von NH_3 hin.

Wenige Tropfen von der Nessler'schen Lösung genügen, um in einem Probierglase in NH_3-haltiger Sole gelblichbraune Niederschläge zu erhalten.

Bei SO_2: 1. durch stehenden Geruch;

2. durch blaues Lackmuspapier, das sich bei austretenden Dämpfen rot färbt;

3. Wasser mit SO_2 Gehalt färbt sich beim Zugießen von Jodlösung nicht, ist dagegen das Wasser frei von SO_2, so wird es gelblich.

Bei CO_2: 1. durch starkes Zischen, wahrnehmbar bei abgestellter Maschine, wenn alles still ist.

2. Ueberpinseln der Flanschenverbindungen etc. mittelst Seifenwasser, wo sich Seifenblasen bilden.

3. Auftretende große Blasen im Kondensatorkühlwasser oder der Sole im Refrigator lassen auf undichte Stellen in den Schlangen schließen.

Dies läßt sich jedoch nur einwandsfrei feststellen, wenn während der Beobachtung Rührwerk und Kühlwasser- resp. Solezulauf abgestellt ist.

Undichte Kompressorenventile haben auf die Kälteentwicklung nachteiligen Einfluß. Wenn während des Betriebes die Manometer ungleichen Anschlag zeigen, so ist dies ein Zeichen der Undichtheit der Ventile. Um sich während des Betriebes kurz zu überzeugen, ob die Ventile undicht sind, macht man den Versuch, den Verdampfer leer zu saugen, indem man das gesamte Kältemedium nach dem Kondensator drückt. Geht der Zeiger des Saugmanometers rasch zurück und steht nach ca. 5 Minuten am Arretierungsstift an, so sind die Ventile und Kolben in Ordnung.

Bei neuen Maschinen kommt es in der ersten Zeit vielfach vor, daß sich die Sitzflächen der Ventile mehr oder weniger verschlagen zeigen infolge des Hammerschlages, welcher sich von den Innenwandungen der schmiedeeisernen Röhren loslöst und mit dem zirkulierenden Kältemedium die Ventile passiert.

Es empfiehlt sich daher, die Ventile bei neuen Maschinen

nach einigen Monaten herauszunehmen und ev. mit Oel und feinem Schmirgel oder Bimsmehl nachzuschleifen.

Ist es nicht möglich, den Verdampfer in der oben angegebenen Weise leerzusaugen und braucht man dazu verhältnismäßig längere Zeit, so ist dies ein Beweis, daß die Ventile oder der Kolben undicht sind. Aus irgend einem Grunde **kann Luft in die Maschine gelangen.**

Dieselbe sammelt sich bei Stillstand der Maschine am höchsten Punkt des Kondensators an, und läßt man dieselbe entweder an dieser Stelle besonders angebrachten Lufthahnen, oder am Manometerventil ab. Luft kann folgendermaßen in die Maschine gelangen:

1. bei Erzeugen von Vakuum bei Absaugen des Verdampfers tritt Luft durch die Stoffbüchsenpackung oder undichte Flanschenverbindungen ein.
2. wenn die Maschine oder Apparate geöffnet werden.

Luft in der Maschine beeinflußt die Kälteleistung der Maschinen ungünstig und erhöht den Kraftverbrauch.

Das Vorhandensein von Luft äußert sich durch abnorm hohen Kondensatordruck, der bei Stillstand der Maschine nicht auf das der Kühlwassertemperatur entsprechende Maß zurückgeht. (s. S. 34).

Die Entleerung des Kompressorzylinders findet bei langsamem Gang der Maschine statt, indem man das Absperrventil auf der Saugseite schließt und nach einigen Umdrehungen den Kompressor stillsetzt, während man auch das Druckabsperrventil geschlossen hat, gleichzeitig öffnet man die beiden Hähne an den Druckbogen. Bei NH_3 kann man die Kompressorentleerung vereinfachen, indem man nur den Zylinder und die Stopfbüchse von den Leitungen absperrt und das Ammoniak durch einen Schlauch von einem Hahnen der Bogen aus in Wasser ableitet und absorbiert. Die Absorption ist genau zu beobachten, damit bei Beendigung derselben nicht Wasser in den Zylinder gelangt.

Beeinflußt ein zu hoher Kraftverbrauch die Maschine ungünstig, gilt als Ursache entweder Luft in der Maschine, oder Ueberfüllung derselben mit Kältemedium, auch Mangel an

Kühlwasser steigert den Kondensatordruck und bedingt einen höheren Kraftverbrauch.

Siehe auch unter den einzelnen Pos. Seite 36.

Unruhiges Arbeiten des Kondensatormanometers bedeutet Luft in der Maschine, Wiederaufspringen eines Druckventils im Kompressor, Verstopfungen im Regulierventil oder der Flüssigkeitsleitung hinter dem Regulierventil, oder auch Ueberfüllung der Maschine mit Kältemedium.

Zunächst prüfe man das betreffende Manometer mit einem gleichzeitig angebrachten Kontrollmanometer, ob die Ursache an den vorgenannten Fällen liegen kann, wozu sich auch noch andere Anzeichen wie heißes Druckrohr, schwache Bereifung und schwierige Regulierung gesellen, andernfalls liegt eine Störung an dem betreffenden Manometer vor.

Die Ursachen eines zu warmen Druckrohres können verschieden sein.

1. zu wenig geöffnetes Regulierventil,
2. Mangel an Kältemedium,
3. Undichte Saugventile auf beiden Seiten.
4. Zu große Saugventil- oder Saugleitungswiderstände.
5. Zu enge, oder verstopfte Flüssigkeitsleistung vor dem Regulierventil.
6. Luft in der Maschine.

Die zur Abhilfe notwendigen Maßnahmen sind bei den einzelnen Rubriken beschrieben, die obige Titel führen.

Zu viel Kältemedium in der Maschine kennzeichnet sich zunächst durch hohen Kondensatordruck, weil zuviel Fläche dem Verflüssigungsprozeß durch zuviel Flüssigkeit weggenommen wird. Man untersuche zunächst, ob die Ursachen des hohen Kondensatordruckes nicht auf Luft oder Unreinigkeit des Kühlwassers etc. zurückzuführen sind.

Bei großer Ueberfüllung mit Kältemedium treten leicht Flüssigkeitsschläge im Kompressor ein. Sofortiges Abstellen der Maschine ist dringend geboten. Man entzieht der Maschine etwas Flüssigkeit bis normale Zustände eintreten.

Mangel an Kältemedium gibt sich vor allem durch eine auffallend schlechte Kälteleistung kund, auch gestaltet sich die Regulierung der Kompressor-Temperaturen immer schwieriger. Das Druckrohr (Kompressorbügel) wird trotz weit geöffnetem Druckrohr abwechslungsweise heiß und kalt, meistens jedoch bleibt es sehr heiß (s. a. S. 27) Kondensator- und Verdampferdruck sinken trotz richtiger Einstellung des Regulierventils unter den normalen Stand und die Differenz zwischen ablaufendem Kühlwasser und Druckmanometer, die bei normaler Füllung ca. 5° Celsius betragen soll, wird immer kleiner.

Das in der Praxis verwendete **Kältemedium ist nicht immer durchaus wasserfrei.** Deshalb sollte das in die Maschine einzufüllende Medium direkt aus der Bombe heraus untersucht werden. Für die Begutachtung der Füllung während des Betriebes entnimmt man das Medium der Maschine vor dem Regulierventil. Bei Ammoniak und Schwefligsäure bedient man sich hierzu eines in Fig. 20 dargestellten Probiergläschens. Das Medium wird bis zu dem Loch o in das Gläschen eingeführt.

Nach der Verdampfung bleiben in der unteren engeren Hälfte die Unreinigkeiten zurück und sollen dieselben nicht mehr wie 0,1% bis 0,5% betragen. Die Rückstände haben gewöhnlich eine gelbliche Farbe und sind Wasser, alkoholische Flüssigkeiten etc.

Bei Kohlensäure bestehen die Verunreinigungen aus: Wasser, Luft, Kohlenoxyd, Schmieröl, bituminösen Kohlenwasserstoffen etc.

Fig. 20.

Wasser wird in der Weise nachgewiesen, daß ein in Kupfervitriol getauchtes und wieder getrocknetes Blatt weißes Filtrierpapier in den Kohlensäurestrom gehalten wird. Färbt sich dieses Filtrierpapier dann bläulich, so ist hoher Wassergehalt in der CO_2 enthalten. Falls das Wasser bei CO_2 nicht in größeren Mengen auftritt, kann seine nachteilige Wirkung dadurch aufgehoben werden, daß man durch die Füllschraube am Saugabsperrventil eine Mischung von wasserfreiem

Aethyläther und Glyzerin im Verhältnis von 1: 2 einfüllt und zwar 1/8 bis 1 Liter je nach Größe der Maschine. Tritt das Wasser in größeren Mengen auf, so muß die Maschine ausgeblasen und neue trockene CO_2 eingefüllt werden.

Bei Schwefligsäure macht sich Wasser unangenehm bemerkbar, besonders bei höheren Temperaturen von 70 bis 90° C. Es ist ganz besonders auf guten dichten Abschluß sämtlicher unter Wasser liegenden Organe zu achten.

Aus guten Fabriken bezogenes Medium gibt in bezug auf Wasserfreiheit etc. selten zur Beanstandung Anlaß.

Wird beim Anlassen eines CO_2-Kompressor die Sicherheitsplatte zersprengt, so liegt die Ursache in dem geschlossenen Drucksperrventil des Kondensators, das versehentlich nicht geöffnet wurde. Es muß dann sofort das Saugabsperrventil geschlossen und der Kompressor stillgesetzt werden. Wenn ein neues Plättchen eingesetzt ist, kann der Kompressor wieder in Betrieb gesetzt werden.

Zwecks Nachfüllen von Kältemedium wird die Flasche in stark geneigter Lage mit dem Austrittsventil nach unten in der Nähe des Einfüllventils auf einem Holzgestellt gelagert, wie Fig. 21 veranschaulicht. In diesem Zustand läßt man die Flasche einige Zeit ruhig liegen, damit sich etwa vorhandenes Wasser im Medium unten ansammelt und vor Anschrauben des Füllrohres abgeblasen werden kann.

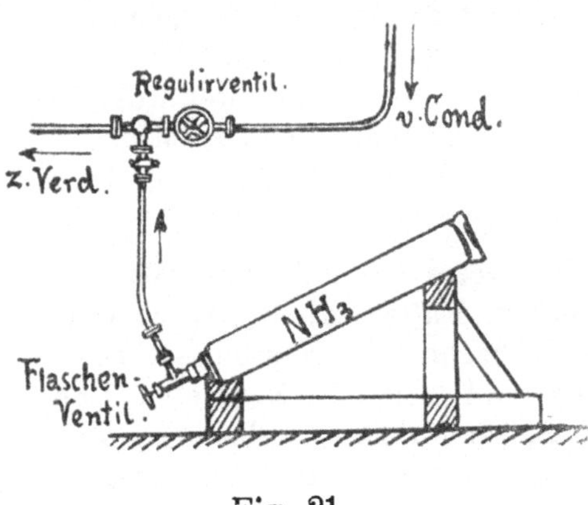

Fig. 21.

Ist die Flasche mit dem Einfüllstutzen durch das Füllrohr verbunden, so kann mit dem Einziehen des Kältemediums begonnen werden. Das Regulierventil wird geschlossen, der Gang der Maschine auf die Hälfte der Tourenzahl vermindert und hierauf erst das Ventil am Einfüllstutzen und dann das an der Flasche vorsichtig geöffnet. Die Flüssigkeit tritt nun infolge des in der Flasche herrschenden Ueberdruckes und durch die Saugwirkung des Kompressors sofort in den Refrigerator über. Bei CO_2 wird das Einsaugen des Mediums dadurch unterstützt, daß man nach ausgeglichenem Druck zwischen Flasche und Refrigerator bei geöffnetem Flaschenventil die Flasche mit warmem Wasser von 40—50° C. begießt während die Maschine die Flasche leer saugt. Zu diesem Zweck wird die CO_2 Flasche vorteilhaft senkrecht an der Wand aufgehängt mit dem Austrittsventil ebenfalls nach unten im Sinn der Fig. 9.

Will man nur einen Teil der Füllung einer Flasche entleeren, so darf man das Austrittsventil derselben nur ganz kurze Zeit öffnen.

Wenn bei der Füllung das Saugmanometer nicht mehr steigt, wird durch den Kompressor der Flascheninhalt langsam in den Kondensator gedrückt und durch das überlaufende Kühlwasser verflüssigt. Eine Maschine hat die richtige Füllung, wenn zwischen verflüssigtem Medium und Kühlwasser eine Temperaturdifferenz von ca. 4—5° C. besteht, die Druckbogen bei NH_3 und CO_2 Maschinen handwarm und jene der SO_2 Maschine heiß und die Saugleitungen gleichmäßig bereift sind.

Die Ausscheidung des Oeles bei NH_3 und Glyzerin bei CO_2 aus dem zirkulierenden Kältemedium bewirken in der Saugleitung angeordnete Abscheidevorrichtungen. Dieselben bedürfen guter Wartung und genauer Kontrolle. Das Oel bezw. Glyzerin ist von Zeit zu Zeit aus dem Sammelgefäß abzulassen, und soll genau gemessen, mit dem eingefüllten Quantum verglichen, und im Journal aufgeschrieben werden, damit man sich jeden Augenblick davon überzeugen kann, ob und ev. wieviel Oel sich ungefähr in der Maschine befindet. Zuviel Oel in der Maschine erzeugt hoben Kondensatordruck. Das abgelassene Oel oder Glyzerin kann nach Filtrierung und Mischung mit reinem Oel wieder verwendet werden.

Zu diesem Zweck wendet man besondere Oelreinigungs-

und Filtrierapparate, deren es verschiedene Konstruktionen gibt, an.

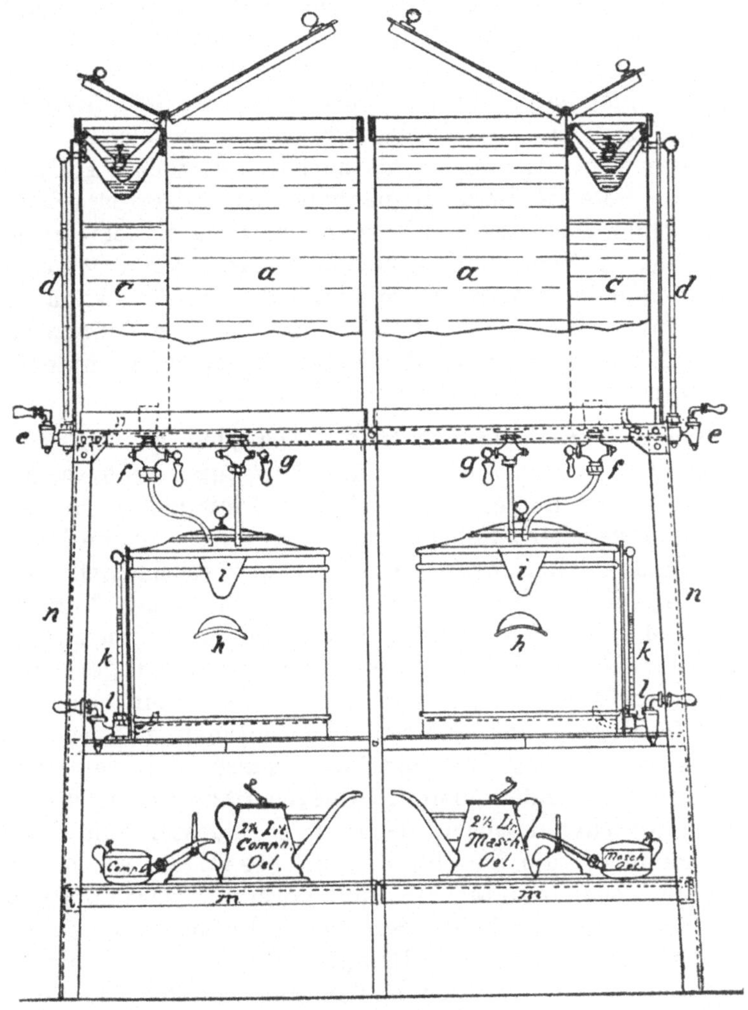

Fig. 22.

Fig. 22 veranschaulicht beispielsweise einen solchen Apparat von der Fa. Balduin Weißer-Söhne in Basel, welcher in der Praxis weite Verbreitung gefunden hat.

Die Entleerung des Kondensators kann da leicht von statten gehen, wo zwei Kondensatoren vorhanden sind, indem man einen derselben in Verbindung mit einem Verdampfer leer saugt. Ist nur ein Kondensator vorhanden, dann öffnet man bei abgestellter Maschine das Regulierventil vollständig, nach ca. einer halben Stunde wird der größte Teil des Kältemediums sich in den Verdampfer niedergeschlagen haben und zwar geht dies um so rascher, je niedriger die Temperatur der Sole ist. Nach Absperrung des entleerten Kondensators gegen Maschine und Verdampfer kann derselbe zwecks Reinigung geöffnet werden, nachdem man bei NH_3 den Rest der Dämpfe in Wasser absorbiert hat. Bei CO_2 kann man direkt öffnen. Bei SO_2 empfiehlt es sich vor dem Oeffnen noch einige Zeit Luft durch die Schlangen zu blasen, ev. unter Zuhilfenahme eines Blasebalges.

Innere Verunreinigung und Verstopfen der Schlangen kann von nicht rechtzeitig erneuter Packung herrühren. Auch Lötzinn, Putzwolle von unvorsichtiger Montage können solche Verstopfungen herbeiführen. Besonders in den engen Rohren der Flüssigkeitsleitungen und Schlangen setzen sich solche Teile fest und geben zu beträchtlichen Störungen Veranlassung. Bei NH_3 tritt auch leicht eine innere Verunreinigung der Schlangen ein, wenn altes, nicht genügend gereinigtes Kompressoröl wiederholt verwendet wird. Zunächst sucht man die Verstopfung dadurch zu beseitigen, daß man den ganzen Strom des Kältemediums durch die betreffende Schlange leitet, indem man die übrigen Hähnchen an den Zuleitungsröhrchen absperrt. Gelingt es indessen mit diesem Versuch nicht, die Verstopfung zu beseitigen, so muß die Schlange genauer untersucht und gereinigt werden. Die innere Reinigung der Schlangen und Rohrleitungen geschieht mit Hilfe eines kräftigen Dampf- oder Wasserstrahles ev. unter vorheriger kräftiger Auslaugung mittelst Sodalösung. Die Austrocknung geschieht mittelst trockener oder heißer Luft.

Innere Verstopfung der Kondensatorspiralen erhöht den Kondensatordruck, da die Spiralen dann mangelhaft arbeiten.

Zu großer schädlicher Raum vermindert die Kälteleistung.

Beim Auswechseln der Kolbenstange ist darauf zu achten, daß der schädliche Raum auf ein dem Zylindervolumen entsprechend geringes Maß eingestellt wird. Die für diesen Zweck notwendigen Maßnahmen sind bei „Auswechselung der Kolbenstange“, Seite 23 angegeben.

Besondere Kennzeichen zu großen schädlichen Raumes sind kalte Druckrohrstutzen und wenig Bereifung des Saugrohrstutzens auf der Seite des zu großen schädlichen Raumes, wobei ein flatternder lauter Schlag des Kompressor-Druckventiles beim Schließen wahrnehmbar ist.

Von der richtigen Einstellung des Regulierventils hängt im wesentlichen die gute Arbeit und Leistungsfähigkeit der Maschine ab. Die Regulierung hat so zu erfolgen, daß das Saugmanometer immer ca. 3—4° C. niedriger anzeigt, als die jeweilige Temperatur der Sole oder der Luft beträgt, dabei soll das Druckrohr gut handwarm sein, einer Temperatur von ca. 35° C. entsprechend.

Um das Druckrohr handwarm zu erhalten, muß man entsprechend bei konstantem Betrieb mit abnehmender Verdampfertemperatur das Regulierventil allmählich weiter schließen.

Erhöhte Aufmerksamkeit ist der Regulierung bei Entleeren und Wiederfüllen der Eiszellen zu schenken.

Bei neueren Maschinen mit Einrichtung zum Arbeiten mit überhitzten Dämpfen tritt an Stelle der Handregulierung die automatische Regulierung, bei welchen die Maschine fast automatisch dauernd mit dem günstigsten Effekt arbeitet. Solche Einrichtungen können auch bei älteren Anlagen noch nachträglich angebracht werden, wodurch die Leistung der Maschine um 10% erhöht wird, bei ganz geringer Steigerung des Kraftverbrauches.

Die Verschlammung der Kondensatorspirale rührt von den Unreinigkeiten des Kühlwassers her. Der schlammartige Ueberzug erschwert die Wärmeübertragung zwischen Kältemedium und Kühlwasser und erzeugt dadurch einen hohen Kondensatordruck. Es ist daher gut, hin und wieder die Spiralen abzubürsten; wie oft dies zu geschehen hat, hängt in hohem Grade von der Beschaffenheit des Wassers ab. Die

Arbeit geschieht am leichtesten mit Hilfe einer Bürste an einer Stange, die oben längs den Spiralen eingeführt werden kann.

Wenn das Regulierventil zu weit geöffnet ist, bleibt das Druckrohr am Kompressor kalt und der Druck im Refrigerator ist zu hoch, dadurch verminderte Kälteleistung. Es macht sich auch ein stärkeres Schlagen der Kompressorsaugventile bemerkbar, da zu nasse Dämpfe in den Zylinder gelangen.

Wenn das Regulierventil zu wenig geöffnet ist, wird das Druckrohr am Kompressor sehr heiß. Rasches Sinken des Druckes im Refrigerator und Steigen desselben im Kondensator sind die sicheren Merkmale dieses Uebelstandes.

Zu hoher Druck im Kondensator deutet entweder auf

1. zu viel Kältemedium,
2. zu wenig oder zu warmes Kühlwasser,
3. Schlamm an den Kondensatorspiralen oder
4. Luft in der Maschine.

Um diese Fehler zu beheben, überzeugt man sich zuerst, ob Luft in der Maschine ist. Die Entfernung derselben geschieht während des Stillstandes der Maschine. Infolge des geringen spez. Gewichtes der Luft, gegenüber dem Kältemedium, sammelt sich dieselbe am höchsten Punkte in dem Kondensator an. An diesem Punkte befindet sich meist das Entlüftungsventil, welches dazu dient, die Luft aus der Maschine zu entfernen. Man öffnet dieses Ventil ganz wenig und entlüftet mittelst eines Schlauches mehrere Minuten lang in einen Eimer Wasser. Aufsteigende Blasen zeigen den Austritt von Luft an, starkes prasselndes Geräusch aber das Entweichen von Kältemedium.

Verschlammte Kondensatorspirale deuten auf stark verunreinigtes Kühlwasser hin. Der schlammige Ueberzug, der den Wärmeaustausch zwischen Kältemedium und Kühlwasser erschwert, wird beseitigt durch Abbürsten der Schlangen und Entleerung des Kondensators. Kühlwassermangel sollte man beizeiten ev. durch Aufstellen von Berieselungskondensatoren beheben.

Wenn die Maschine zu viel Kältemedium enthält, so wird ein Teil davon vom Kompressor, anstatt in gasförmigem, in flüssigem Zustande angesaugt. Man tut in diesem Falle gut, der Maschine etwas Flüssigkeit zu entziehen, was während des Betriebes zu geschehen hat. (s. Seite 27).

Eine Undichtheit der Kondensatorschlange erkennt man daran, daß bei abgesperrtem Kühlwasserzulauf Blasen im Wasser aufsteigen. Tritt dieser Fall ein, so muß die Kondensatorspirale vom Kältemedium entleert werden, indem man die Temperatur im Refrigerator (Salzwasser oder Luft) so tief wie nur möglich erniedrigt, die Maschine dann abstellt und das Regulierventil ganz öffnet. Dann entleere man das Kondensatorgefäß vom Kühlwasser und begieße die Rohrspirale mit heißem Wasser. Das Kältemedium wird dann zum größten Teil in den Refrigerator überströmen. Auf diese Art läßt sich das Kältemedium auch in leere Flaschen auffangen. Nach der Entleerung der Kondensatorspirale schließe man zuerst das Regulierventil, dann die Absperrventile am Refrigerator und Kondensator.

Mangel an Kühlwasser, steigert den Kondensatordruck und die Temperaturdifferenz zwischen Kühlwasser. Zu- und Ablauf wird größer als normal; gleichzeitig steigt der Kraftverbrauch und die Leistung der Maschine wird geringer. Bei einem geschlossenen Kondensator ist darauf zu achten, daß die unter dem Deckel sich ansammelnde Luft zeitweise durch einen angebrachten Lufthahn entfernt wird.

In normalen Fällen wird die Leistung der Maschine bei + 10° C. Kühlwasser Eintrittstemperatur angegeben. Hat das dem Kondensator zugeführte Kühlwasser eine höhere Temperatur als + 10° C. so ist die Kühlwassermenge entsprechend größer zu nehmen.

Für jedes Grad höhere Zulauftemperatur des Kühlwassers erhöht sich der Kraftverbrauch um 4% während die Kälteleistung um 4% geringer wird.

Aus der Tabelle 2 des Anhangs ist ersichtlich, daß der Kompressionsdruck stets einer bestimmten Temperatur des ablaufenden Kühlwassers entsprechen muß, und daß der Druck abnimmt, je tiefer die Temperatur des eintretenden Kühlwassers ist.

Verunreinigung des Siebtopfes (Seiher oder Staubfilter). Der Siebtopf hat den Zweck, die in der Maschine befindlichen Unreinigkeiten, wie Hammerschlag, Lötzinn, Packungsteile etc. darin festzuhalten, damit diese nicht in den Zylinder resp. in die Ventile gelangen und dadurch Störungen hervorrufen würden. Zu diesem Zweck ist der Siebtopf in die Saugleitung eingeschaltet und zwar möglichst nahe am Zylinder. Das zylindrische Sieb ist zwecks Reinigung leicht herausnehmbar. In der ersten Zeit, in der eine Maschine arbeitet, muß das Sieb alle 14 Tage herausgenommen und gereinigt werden, dies muß man solange tun, bis das im Behälter befindliche Kompressoröl bezw. Glyzerin vollständig rein abläuft.

Um das Sieb herausnehmen zu können, muß man erst das Absperrventil zum Refrigerator schließen und die Leitung leer saugen, dann erst öffne man behutsam den Deckel, indem man die Schrauben löst und sich vorsichtig überzeugt, daß kein Druck mehr da ist.

Beim Eingefrieren des Siebtopfes infolge Wassergehalt des Kältemediums, verfahre man nach der Beschreibung Seite 28 und 29.

Leistet die Maschine zu wenig Kälte, kann die Ursache davon sein:

1. zu wenig Kältemedium,
2. daß die Kompressorventile undicht oder in Unordnung sind,
3. daß der Kolben undicht oder der schädliche Raum zu groß ist,
4. daß die Saugleitung oder Flüssigkeitsleitung zugefroren ist,
5. zu wenig Kühlwasser,
6. Schlamm im Kondensator und Refrigerator,
7. zu schwache Salzlösung oder zu niedrige Temperatur, sodaß die Verdampferschlangen mit Eis belegt sind.

Liegt einer dieser Fälle vor, so ist gemäß den bei diesen Positionen entsprechenden Angaben zu verfahren, um den Uebelstand zu beheben.

Die Verdampferspirale kann eingefrieren, wenn die Salzlösung nicht genügend gesättigt ist, sodaß ihr Gefrierpunkt höher liegt, als die von dem Verdampfermanometer angezeigte Temperatur. (Siehe Fig. 25, 26 u. 27.) Das Ueberziehen der Spiralen mit Eis beeinträchtigt die Kälteleistung ganz wesentlich. Es ist deshalb nötig, die Salzlösung auf den richtigen Salzgehalt von 20° Baumé mit dem Aräometer (Salzwasserwage) (Fig. 23) zu untersuchen. Bei großen Anlagen ist eine Weißer'sche automatische Salzwasserwage sehr empfehlenswert, die in die Salzwasserhauptleitung eingebaut wird,

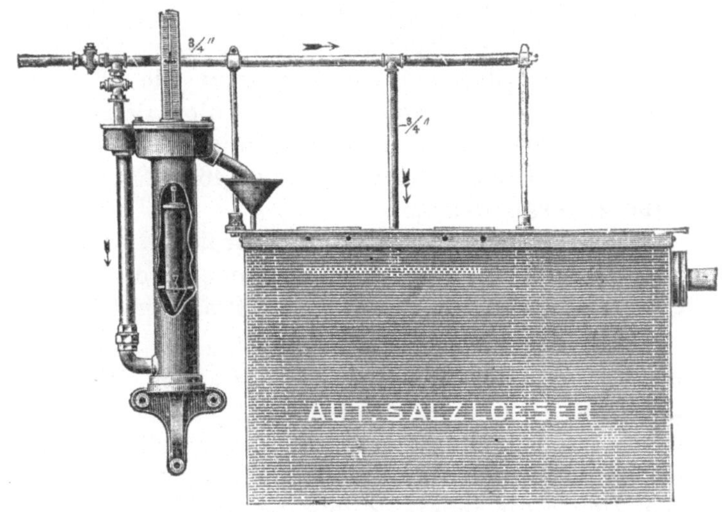

Fig. 23.

Fig. 24.

s. Fig. 24. Die Verminderung des Salzgehaltes der Sole kommt bei Anlagen mit Eiserzeugung häufiger vor als bei anderen. Durch das Ueberfüllen der Eiszellen kommt gelegentlich mal auch Süßwasser unter die Sole, auch bei Undichtheiten der Eiszellen selbst tritt dieser Uebelstand auf. Undichte Eiszellen erkennt man sofort daran, daß dieselben infolge des Salzgehaltes der Füllung nicht ausgefrieren und sind dieselben sofort aus dem Generator zu entfernen.

Bei Kühl- und Gefrieranlagen ist die Verwendung von

Chlormagnesium zur Solebereitung besonders zu empfehlen, da es gegenüber Chlorcalcium bedeutende Vorteile hat:

1. größere Reinheit,
2. geringere Kosten.

Beispielsweise hat eine 10% Chlorcalciumlösung ihren Gefrierpunkt bei — 5,9° C.
eine 20% Chlorcalciumlösung ihren Gefrierpunkt bei — 11,7° C.
während eine Chlormagnesiumlösung von 10% erst bei — 11,0° C.
und eine Chlormagnesiumlösung von 20% erst bei — 23,0° C.
gefriert. Aus obiger Darstellung geht deutlich hervor, daß bei gleichem Gefrierpunkt beide Lösungen verschieden stark angesetzt werden müssen und zwar die Chlormagnesiumlösung nur halb so stark als die Chlorcalciumlösung.

Der Unterschied in der Grädigkeit des Chlorcalciums 70—75% und des Chlormagnesiums 46—48% wird damit vollständig ausgeglichen.

Die Chemische Fabrik „Concordia“, Leopoldshall-Staßfurt, liefert ein für Kältemaschinenzwecke völlig reines Chlormagnesium, das sich in der Praxis gut bewährt hat.

Soll der Verdampfer zwecks innerer Reinigung entleert werden, was bei CO_2 und SO_2 nur selten erforderlich ist, so geschieht dies durch einfaches Absaugen der Dämpfe bei geschlossenem Regulierventil. Zwecks Kondensierung derselben im Kondensator soll reichlich Kühlwasser zirkulieren. Ueber die innere Reinigung der Schlangen siehe S. 32.

Ist der Verdampferdruck zu hoch, so fühlen sich meist die Druckrohre am Kompressor kalt an. Die Ursache liegt darin, daß das Regulierventil zu weit geöffnet ist, dasselbe ist weiter zu schließen bis die Druckrohre handwarm werden.

Undichte Eiszellen. Bei der Eisfabrikation kann der Fall eintreten, daß die Verdampfertemperatur nach längerem Stillstand der Maschine über den Gefrierpunkt steigt, wodurch das in den Zellen gebildete Eis sich von der Zellwand loslöst und nach oben steigt.

Man darf in diesem Falle den Generator nicht wieder in Betrieb setzen, bevor das lose Eis aus den Zellen entfernt

Kochsalzlösung.
Spez Wärme der Lösung pro 100 kg.
Dampfdrücke CO_2 (Atm.)
Dampfdrücke NH_3 (Atm.)
Gewichtsteile wasserfreies Salz in 100 kg Lösung.
Gefrierpunkte der Lösung.
Dampfdrücke SO_2 (Atm.
Spez. Gewichte (Aräometerablesung bei +18°C.)
1,00 1,02 1,04 1,06 1,08 1,1 1,12 1,14 1,16 1,18 2,0
1,0 0,9 0,8
Atm. 35 30 25 20 15 10 5 0
Atm. 0,6 0,5 0,4 0,3 0,2 0,1
Atm. 3,0 2,0 1,0
25 20 15 10 5 0 5 10 15 20 cm Vac.

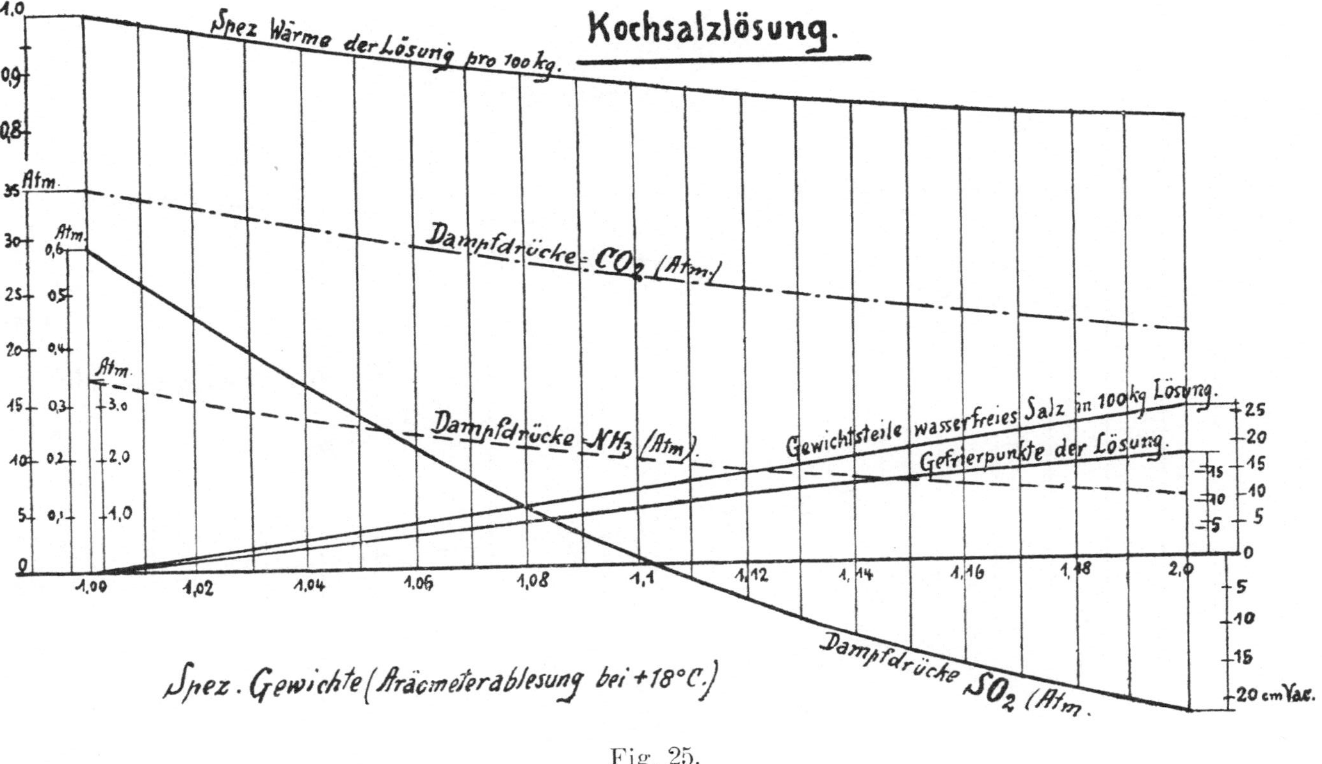

Fig. 25.

Chlorcalciumlösung.
Spez. Wärme der Lösung pro 1 kg.
Dampfdrücke CO_2 (Atm)
Dampfdrücke SO_2 (Atm)
Dampfdrücke NH_3 (Atm.)
Gewichtsteile wasserfreies Salz in 100 kg Lösung.
Gefrierpunkte der Lösung.
Spez. Gewichte (Aräometerablesung bei +18° C.)
cm Vac.

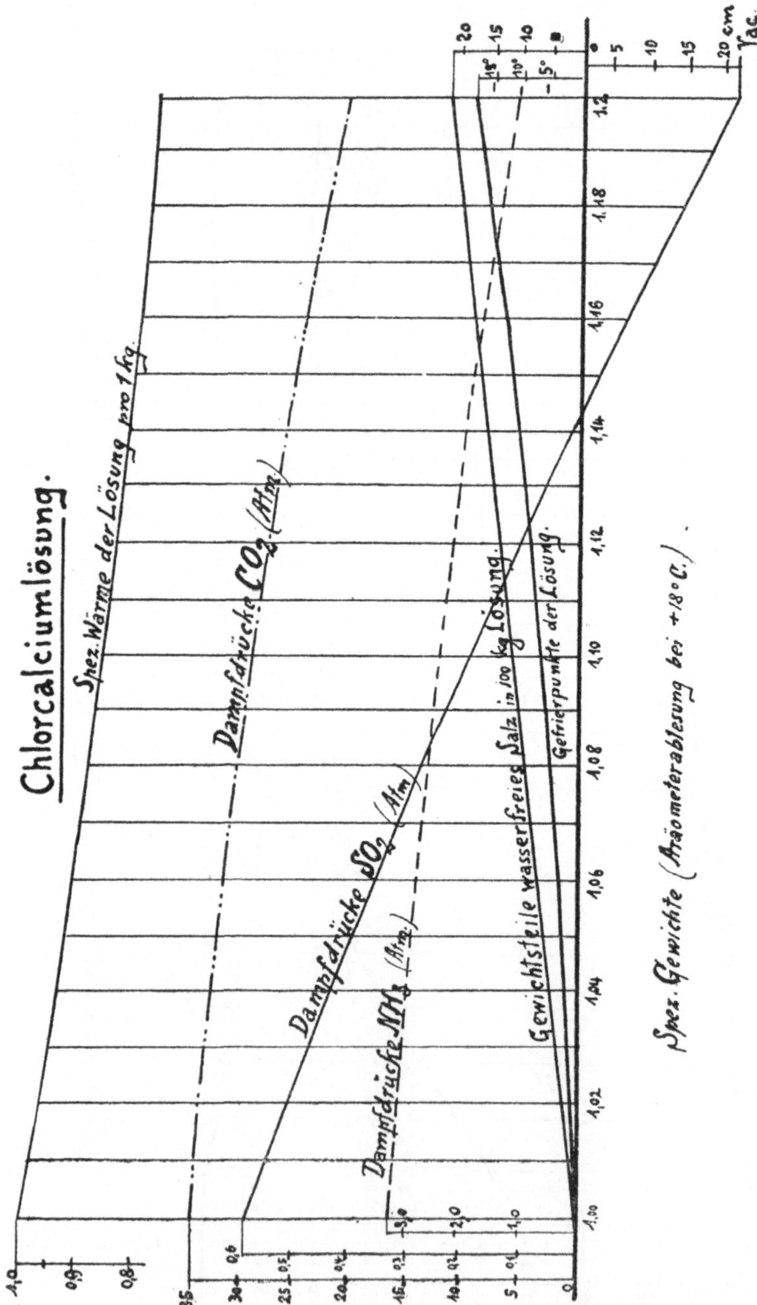

Fig. 26.

Chlormagnesiumlösung.
Spez. Wärme der Lösung pro kg.
Manometerdrücke für CO2 (Atm)
Manometerdrücke für NH3 (Atm.)
Gewichtsteile wasserfreies Salz in 100 kg Lösung.
Gefrierpunkte der Lösung.
Manometerdrücke für SO2.
Spez. Gewichte: (Aräometerablesung bei +15°C.)
Atm. f. CO2
Atm. SO2
Atm. NH3.
25°C.
35 cm Vac.

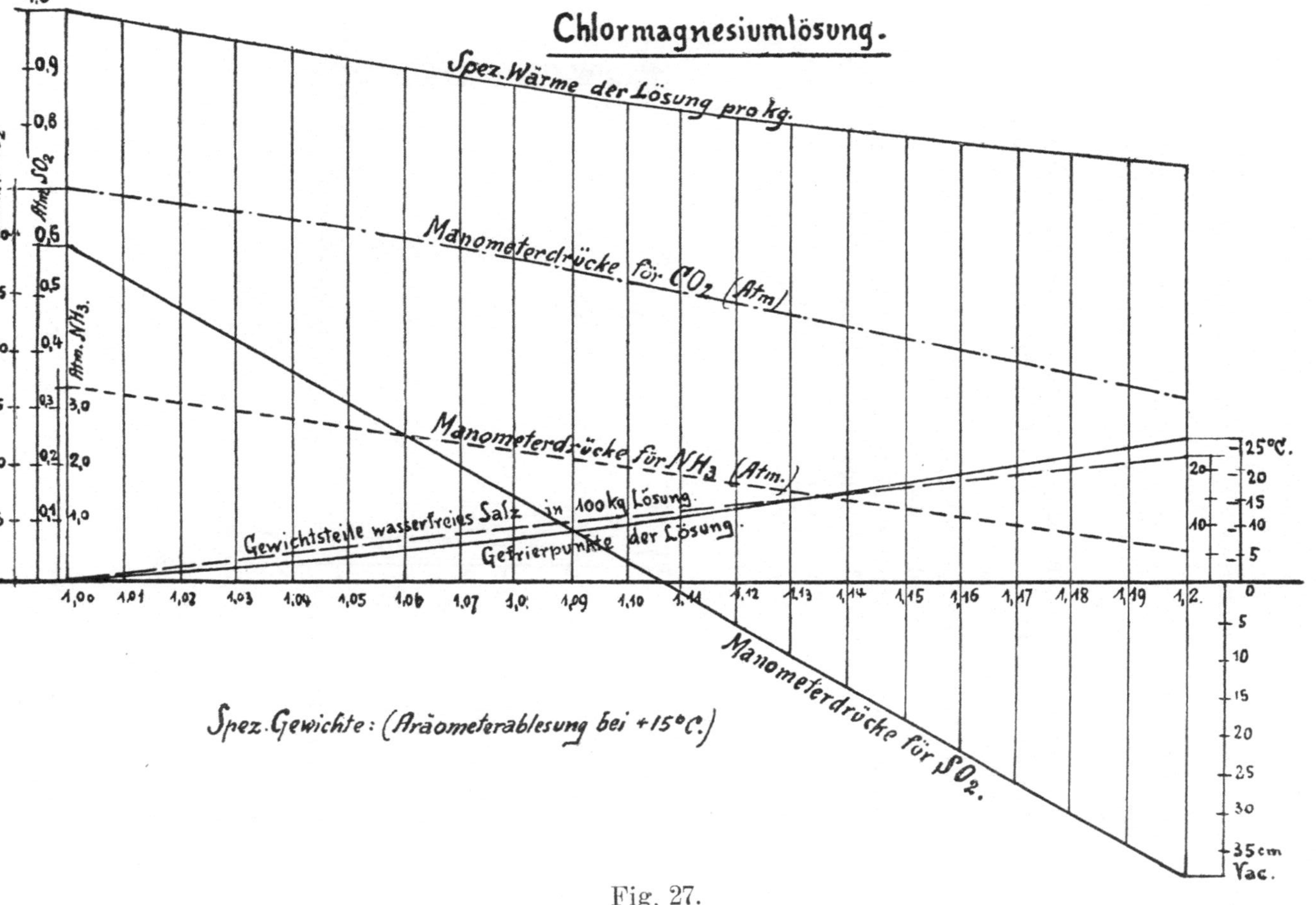

Fig. 27.

ist, da man sich andernfalls der Gefahr aussetzt, daß die Zellen zuerst an den Wandungen zufrieren, wodurch sich das am Boden befindliche Wasser beim Gefrieren nicht mehr ausdehnen kann und daher die Zellen zersprengt. Zersprengte undichte Zellen bekommen unten Ausbauchungen, die das Entleeren derselben nur unter großem Tauverlust ermöglichen lassen.

Man entferne undichte Eiszellen sofort aus dem Eisgenerator, da sie auch eine Gefahr für die Schwächung der Salzlösung sind (s. a. unter schwacher Salzlösung Seite 43).

Ist die Salzlösung unrein, kann eine äußerliche Verunreinigung der Verdampferspiralen eintreten, welche den Kälteaustausch zwischen dem Kältemedium und der Salzlösung vermindert, dies zeigt sich besonders durch geringe Kälteentwicklung und niedrigen Verdampferdruck an. Veranlassung zu diesem Uebelstand gibt meistens die **Zubereitung der Salzlösung,** die nicht immer einwandsfrei vorgenommen wird.

Das Auflösen hat immer in einem sauberen eigenen Mischgefäß zu erfolgen und haben sich in der Praxis die automatischen Salzlöser (Satisfakteur) der Firma Balduin Weisser Söhne in Basel sehr gut bewährt. In Fig. 28 ist die Konstruktion eines solchen Apparates, der in verschiedenen Größen gebaut wird, veranschaulicht. Aus den

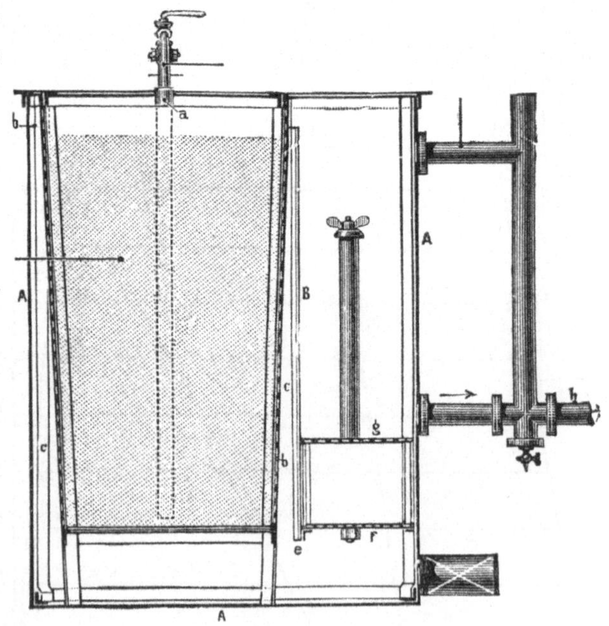

Fig. 28.

Bezeichnungen in der Abbildung 29 geht die Wirkungsweise klar hervor.

Das Schema Fig. 29 zeigt die normale Aufstellung des Apparates.

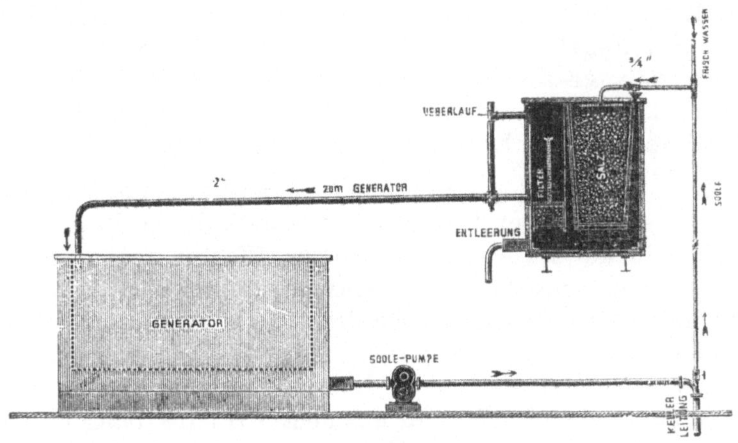

Fig. 29.

Bei zu schwacher Salzlösung bedecken sich die Refrigeratorschlangen mit Eis, wodurch die Wirkung der Maschine vermindert wird. Man soll daher von Zeit zu Zeit untersuchen, ob die Lösung den richtigen Salzgehalt hat. Wie aus den graphischen Darstellungen, Fig. 25, 26, 27, ersichtlich ist, haben die verschiedenen Lösungen ihren Gefrierpunkt bei verschiedenen Temperaturen. Bei Gefrieranlagen ist nur Chlormagnesium zur Solebereitung zu nehmen. Bei Kochsalzlösungen soll der Prozentgehalt niemals unter 20° Baumé anzeigen (siehe auch Seite 37).

Eingefrorene Saug- oder Flüssigkeitsleitungen sind daran zu erkennen, daß das Druckrohr sehr heiß wird und das Verdampfermanometer ganz wenig oder garnicht mehr ausschlägt, auch beschlagen sich diese Rohrleitungsteile nicht mehr mit Schnee.

Bei wasserhaltigem Kältemedium ist ein Eingefrieren der Flüssigkeitsleitung am Regulierventil leicht möglich, wie auch am Siebtopf die Saugleitung eingefrieren kann. Wenn bei geöffnetem Regulierventil ein Leersaugen der Maschine eintritt, so liegen obige Störungen vor. Der Uebelstand läßt sich beseitigen, indem man zunächst versucht, das Regulierventil schnell ganz weit zu öffnen, wodurch ein starkes Absaugen des Verdampfers stattfindet, hilft dies indessen nicht, so muß man die Maschine abstellen, die Leitung abtauen und reinigen unter Zuhilfenahme eines Dampfstromes oder einer Druckpumpe. Solange die Flüssigkeit eine Temperatur unter Null besitzt, darf zum Ausspülen nur eine ungefrierbare Flüssigkeit, Glyzerin oder Kompressoröl verwendet werden.

Beim Ausblasen mittelst Dampf ist bei Verdampferspiralen die Sole vorher zu entleeren. Um das evtl. durch diese Manipulation in die Maschine gekommene Wasser aus derselben zu entfernen, muß bei NH_3 dasselbe durch Rezifikation in folgender Weise entfernt werden: man rezifikiert einige Stunden, schließt dann den rotierenden Hahnen und scheidet durch vorsichtiges Erwärmen des Oeltopfes das sich in demselben angesammelte Wasser aus dem NH_3 aus, läßt dasselbe ab und fährt damit solange fort, bis man kein Wasser mehr erhält. Bei CO_2 verfährt man in der Seite 29 geschilderten Weise.

Rasches Sinken des Druckes im Refrigerator rührt entweder von Mangel an Kältemedium oder innerer oder äußerer Verunreinigung der Schlangen her (Eisansatz). Auch Wasser, Oel und dergl. im Kältemedium können die Ursache sein. (Siehe Seite 27 und 28).

Auch untersuche man zunächst, ob das Regulierventil weit genug geöffnet ist.

Eine häufig auftretende Erscheinung ist **das starke Schäumen der Sole** im Eisgenerator, ohne daß vielfach die Ursache erkannt wird.

Einmal kann dies auch an der Sole selbst liegen, indem als Denaturierung des Salzes von der Steuerbehörde Seifenpulver verwendet wurde, das anderemal aber tritt die Schäumung dadurch auf, daß die rücklaufende Sole von den Kühlräumen nicht unterhalb des Wasserspiegels im Eisgenerator austritt. Eine Untersuchung nach dieser Richtung hin und Aenderung dieses Fehlers wird Abhilfe schaffen.

Besondere Beachtung ist den **Schlangenschnäbeln im Refrigerator** zu schenken, denn da, wo Luft und Salzwasser (Wasserspiegel) sich berühren, werden die Schlangen in bedenklicher Weise angefressen. Diesem Uebelstand kann man dadurch begegnen, daß man diese Stellen in trockenem Zustande nach vorheriger gründlicher Reinigung mit rostschützender Farbe (Hiostat, Siederosthen, Nauton etc.) anstreicht und hierauf noch zweiteilige Hartholzbüchsen um die Schnäbel befestigt, die an den Fugen möglichst dichtschließend sein müssen.

III. Allgemeines zur Instandhaltung und Behandlung der Kältemaschinen-Anlage.

Während das Kesselhaus trotz aller Reinlichkeit immer einen finsteren Eindruck macht, so ist der Maschinenraum desto freundlicher, ja manchmal sogar mit einer Eleganz ausgestattet, die manchem Kältemaschinen-Anlagenbesitzer zur Ehre gereicht. Kokos- oder Linoleumläufer führen rings um die Maschinen herum, an den Wänden auf Manneshöhe Fließenbelag, die Decke getäfelt u. s. w. Die innere Ausstattung des Maschinenraumes soll neben der Eleganz aber auch den praktischen Bedürfnissen entsprechen.

Dazu gehört vor allem eine gut funktionierende Oelreinigungs- und Filtrieranlage mit kompletter Oelkannengarnitur. Um den Oelverbrauch ökonomisch zu gestalten und die Wiederverwendung des aus der Maschine abgelassenen Oeles zu sichern, ist ein Oelapparat dringend nötig.

Solche Apparate werden in verschiedenen Konstruktionen gebaut und sind solche von den im Inseratenverzeichnis aufgeführten Firmen erhältlich. Für große Anlagen ist ein von der Firma B. Weisser-Söhne, Basel, gebautes Refrigerationsfilter empfehlenswert, ein kleiner Apparat mit einer Schlange, der in eine Zweigleitung zwischen der Flüssigkeitsleitung nach der Saugleitung eingeschaltet wird. Durch die Abkühlung des frischen Oeles in dem Apparat scheiden sich alle festen und harzenden Bestandteile aus und kann solches Oel nun unbedenklich zur Schmierung des Kompressors verwendet werden.

Ein übersichtlich angeordnetes Schlüsselbrett mit je einer besonderen Schublade für Werkzeuge, Packungen, Dichtungsmaterial und Reserveteile vervollkommnen neben einem eisernen Behälter für frische und gebrauchte Putzwolle die Einrichtung des Maschinenraumes. Eine beispielsweise Ausführung eines Schlüsselbrettes, auf dem die Grundformen der Schlüssel auf einer Steinholzplatte aufgemalt sind und dessen

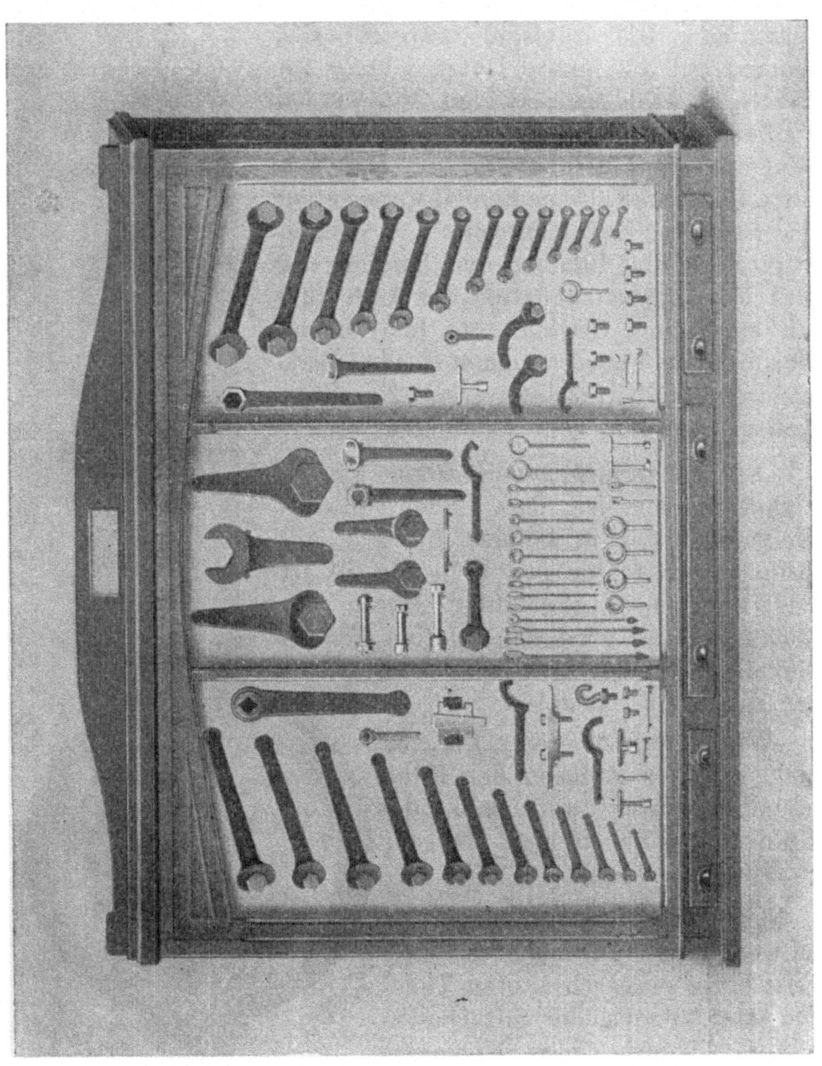

Fig. 30.

Rückseite als Kleiderschrank ausgebildet ist, stellt Fig. 30 dar. Dir Firma Otto Sterkel in Ravensburg liefert solche Schlüsselbretter als Spezialität für Kältemaschinen-Anlagen.

Zweckmäßig ist neben der sorgfältigen Behandlung und guten Instandsetzung einer Kältemaschinenanlage die regelmäßige alljährliche gründliche Revision durch einen Kälteingenieur. Die Revision erstreckt sich einmal auf die innere Untersuchung der Maschine und Apparate im Winter bei Stillstand der Anlage und das andere Mal auf die Leistungsprüfung, Manometer-, Oel- und Kältemedium-Untersuchung im Sommer. Zur Kontrolle der Temperaturen in den Räumen und Bestimmung des Feuchtigkeitsgehaltes der Luft sind an geeigneten Stellen gute Instrumente anzuordnen. Fernthermometer oder registrierende Thermometer und Feuchtigkeitsmesser sind sehr empfehlenswert.

Ein guter und zuverlässiger Feuchtigkeitsmesser ist der Lamprecht'sche Polymeter, der in keinem Betriebe mit Kühlräumen fehlen sollte. In Fig. 31 ist das Instrument abgebildet. Durch die Zeigerstellung wird der relative Feuchtigkeitsgehalt der Luft in Prozenten direkt angezeigt.

Fig. 31.

Winkelthermometer, Fig. 32, zum direkten Ablesen der Kühlraumtemperatur außerhalb des Kühlraumes haben sich als sehr praktisch erwiesen.

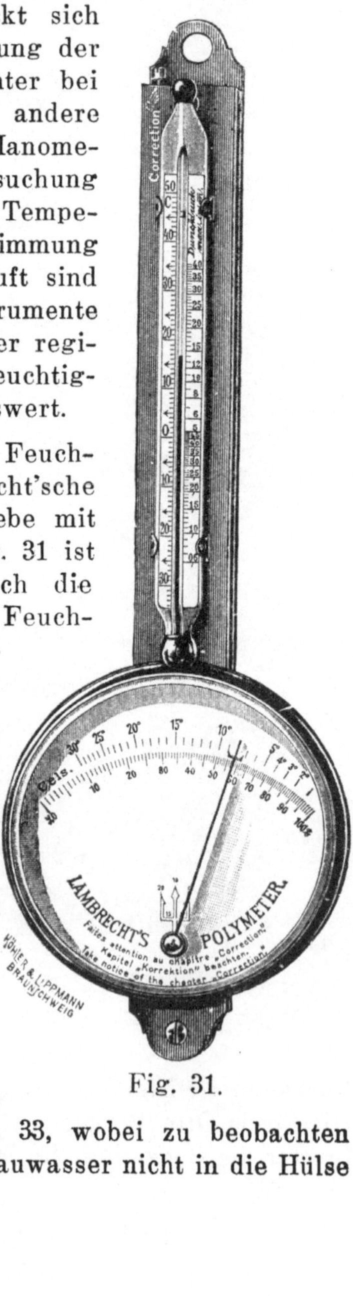

Für Flüssigkeitsmessungen soll entweder der Thermometer mittelst eines eingeschraubten Thermometerstutzens, der mit Quecksilber, Glyzerin oder Kompressoröl gefüllt ist und in den das Thermometer eintaucht, fest mit Soleleitung verbunden sein, Fig. 33, wobei zu beobachten ist, daß der Thermometer durch Tauwasser nicht in die Hülse eingefriert, oder bei offener Salzwassermessung empfiehlt es sich, das Thermometer an einer Stange zu befestigen, welche unten ein Gefäß trägt, in dem man die zu messende Flüssigkeit durch Einhängen mit hochheben kann, wodurch Ungenauigkeiten beim Ablesen vermieden werden, welche sonst infolge Berührung der Thermometerkugel mit der Luft etc. entstehen. In Fig. 34 ist die Anordnung eines solchen Thermometers dargestellt. In einem geordneten Betriebe soll der Maschinenführer in gewissen Zeitabständen die abgelesenen Temperaturen in einem Journal niederschreiben, damit man jederzeit sich über die Wirkungsweise der Maschine überzeugen kann und auch bei Schichtwechsel der den Nachtdienst versehende Maschinist sich sofort über den Stand der Temperaturen und Einregulierung der Maschine ein Bild machen kann.

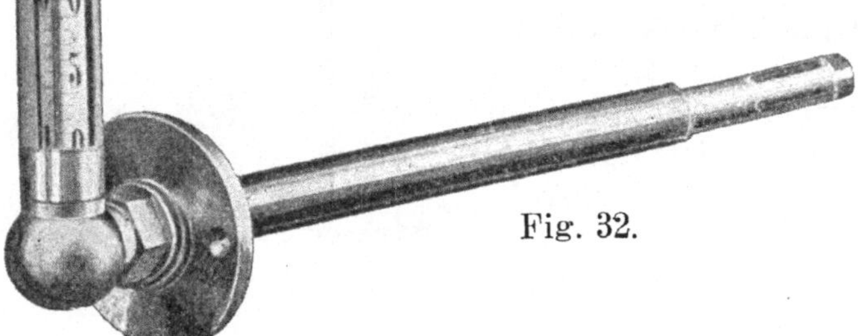

Fig. 32.

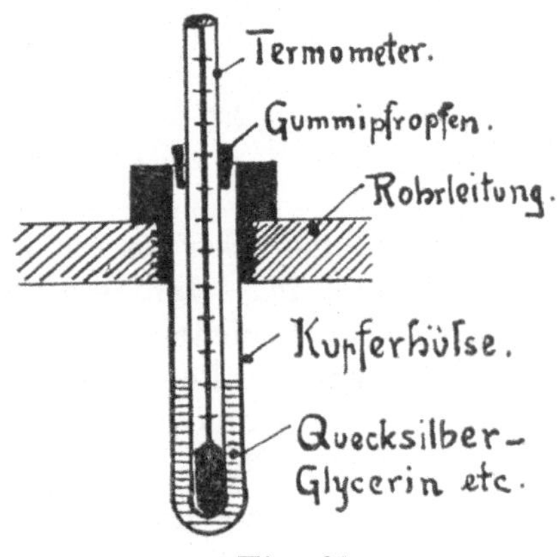

Fig. 33.

Das von Constanz Schmitz herausgegebene, in Ziemsens Verlag, Wittenberg (Halle) erscheinende Revisionsbuch ist zur Eintragung solcher Betriebsdaten sehr geeignet. Im Maschinenraum sollte neben einer genauen Bedienungsvorschrift auch ein Schema der Gesamtanlage nach Fig. 9, dem Maschinenpersonal zu Verfügung stehen.

Um dem Maschinisten zu ermöglichen, bei plötzlich auftretenden, starken Undichtheiten rechtzeitig eingreifen zu können, soll außerhalb des Maschinenraumes ein Atmungsapparat aufbewahrt werden. Es ist nämlich fehlerhaft, den Atmungsapparat im Maschinenhaus in einen Schrank einzuschließen, denn die Erfahrung hat gelehrt, daß bei Brüchen von Rohrleitungen, Ölsammler etc., es dem Maschinenpersonal sowohl, als anderen Personen, nicht mehr möglich war, den Apparat zu erreichen. Am meisten Schutz gegen NH_3 und SO_2 Dämpfe bietet Königs Atmungsapparat, Fig. 35, der aus einem geschlossenen Helm mit erweitertem Gesichtsfeld besteht und auch mit Sprech-Einrichtung versehen ist.

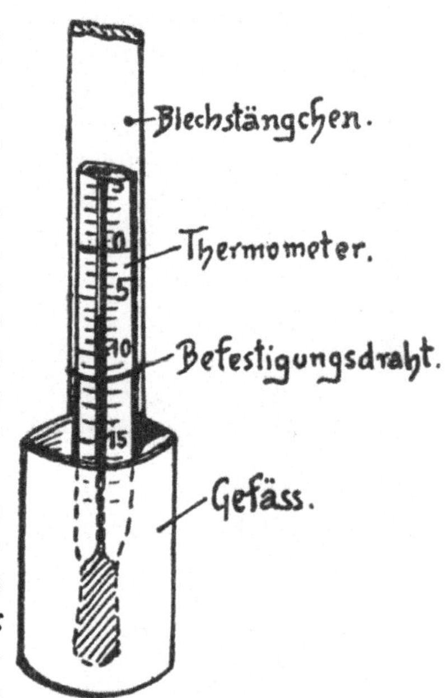

Fig. 34.

Bei größeren Eisgeneratoren ist darauf zu achten, daß der Vorschub-Mechanismus nicht vereist und dadurch zu streng geht. Alle Rollen und Gleitflächen etc. an den Eisgeneratoren, Zellenwagen und Rührwerken sind nur mit Kompressoröl resp. Glyzerin zu schmieren.

Gefüllte Flaschen mit Kältemedium sind stets an einem kühlen und trockenen Ort aufzubewahren. Halbgefüllte Flaschen sind äußerlich als solche zu kennzeichnen. Beim Transport und Gebrauch sind die Flaschen vor allen heftigen Erschütterungen zu bewahren, auch achte man darauf, daß dieselben niemals Sonnenstrahlen ausgesetzt sind.

Stillstand und Instandsetzung der Maschine im Winter. Im Winter wird gewöhnlich der Kältebetrieb eingeschränkt, bei Eisfabriken und Schlachthöfen auf einige Monate ganz unterbrochen. Diese Zeit wird dazu benuzt, die Anlage wieder

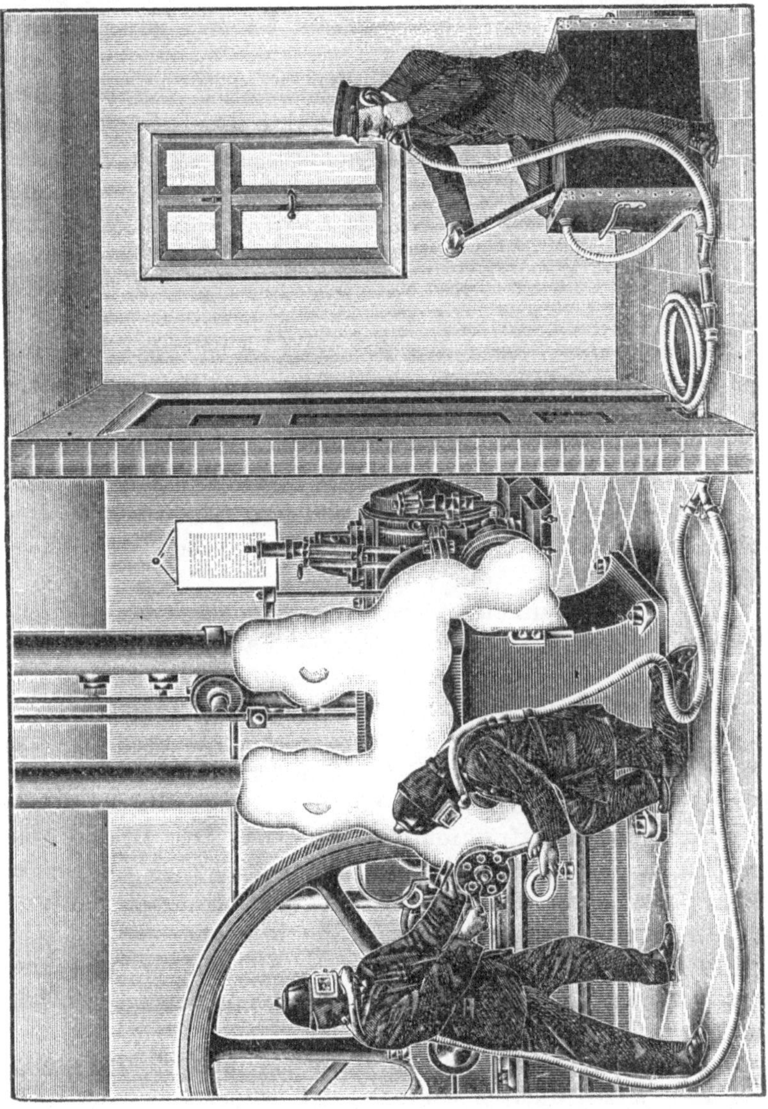

Fig. 35.

instand zu setzen. Sämtliche Absperr-Ventile werden geschlossen, der Druck wird vom Kompressor abgelassen, die

Ventile herausgenommen, nachgesehen und eingeschliffen, evtl. die Reserveventile für die spätere Verwendung vorgesehen. Alle auszuwechselnde Teile werden soweit wie nötig von den Reserveteilen ersetzt und sind letztere sofort wieder durch Reparatur der alten Teile oder ev. durch neue Teile aus der Fabrik zu ergänzen. Die Schlangen werden außen gereinigt und frisch gestrichen, Sole- und Kühlwasserpumpen nachgesehen, beschädigte Rohrisolierungen erneuert, Luftkühler, Eiszellen, Generator und Laufkran gereinigt und frisch gestrichen, kurz und gut, alles in der Anlage wieder in besten Zustand gebracht, damit im Sommer nicht durch Vernachlässigung solcher Reparaturen empfindliche Betriebsstörungen eintreten können.

Die **rationelle Pflege der Treibriemen** ist für jeden Betrieb von allergrößter Bedeutung. Wer sich die sachgemäße Behandlung des Riemen-Materials angelegen sein läßt, spart viel Geld, Zeit und Unannehmlichkeiten. Bei der Behandlung der Riemen ist in erster Linie darauf zu achten, daß die hierfür verwendeten Präparate frei sind von allen schädlichen Bestandteilen, insbesondere frei von Säure, Harz und Mineralöl.

Diesen Forderungen entsprechen nun nach jeder Richtung die beiden Breuer'schen Spezial-Fabrikate: „Breuer's Climax- und Breuer's Mars-Oel“ voll und ganz.

Diese Präparate enthalten tatsächlich nur Bestandteile, welche lediglich Nahrung für das Riemen-Material bilden, und die gleichzeitige Behandlung mit beiden Fabrikaten bewirkt überraschende, bis heute nie gekannte Resultate bei vollständig schlafflaufendem Getriebe. Das Breuer'sche Kombinationsverfahren hat sich in der gesamten deutschen Industrie und unter den schwierigsten Verhältnissen dauernd und glänzend bewährt. Näheres siehe Inserat.

Die wesentlichsten Erfordernisse für ein erstklassiges **Kälte-Isoliermaterial** sollten, im einzelnen betrachtet, folgende sein.

1. Die Wärmeleitzahl eines Materials muß niedrig sein.
2. Ein wasserdichtes Material ist wünschenswert, oder zum mindesten ein solches, welches Wasser nicht aufsaugt und die Feuchtigkeit nicht zurückhält.

3. Das Material muß frei von jedem Geruch sein.
4. Das Material muß wurm- und rattensicher sein.
5. Das Material muß dauerhaft sein und darf mit der Zeit nicht faulen.
6. Das idealste Material würde natürlich ein feuerfestes sein. Zum mindesten ist ein Material mit großem Hitzewiderstand wünschenswert.
7. Zum Gebrauch in Kühlwaggons und an Bord von Dampfern, Kühlleichtern, etc. ist eine gewisse Elastizität des Materials erforderlich, ebenfalls eine gewisse Bruchfestigkeit.

Eine genaue Kenntnis aller im Handel vorhandener Isoliermaterialien führt zu der Erkenntnis, daß keines der Materialien die gewünschten Gesamteigenschaften in sich vereinigt. Eine Ausnahme macht lediglich die „Cartvale" Blätterholzkohlenplatte (D. R. P.). Diese inzwischen so bedeutend verbesserte Platte hat den Vorzug, daß sie allen geforderten Ansprüchen im weitesten Umfange genügt.

IV. Betriebsvorschriften für Dampfmaschinen.

Alle zur Maschine gehörenden Werkzeuge, Mutterschlüssel etc. müssen vorhanden sein und am Schlüsselbrett aufbewahrt werden, um sie schnell zur Hand zu haben.

Alle Materialien, welche zur Bedienung der Maschine erforderlich sind, als Gummiplatten, Asbest, Hanf, Stopfbüchsenpackung, Schmieröl etc., sowie verschiedene Schrauben, Unterlegscheiben und dergleichen sind in hinreichendem Vorrate zu halten.

Zum Schmieren der Dampfzylinder ist nur Mineralöl zu benutzen, welches für hohe Temperatur geeignet ist. Talg oder Olivenöl, überhaupt tierische oder Pflanzenfette dürfen für diesen Zweck nicht verwendet werden, da sich dieselben zersetzen und durch Bildung von Oelsäure das Eisen angreifen.

Kommen bei Schmiergefäßen für Lager etc. Dochte zur Anwendung, so sind dieselben aus Wolle herzustellen und nicht zu stark zu nehmen, damit sie das Schmierloch nicht vollständig ausfüllen. Die Lage des Dochtes im letzteren ist durch Benutzung eines Drahtes in geeigneter Weise für eine bestimmte Tiefe festzustellen, sodaß die Enden des Dochtes die Welle nicht berühren können.

$^1/_4$ bis $^1/_2$ Stunde vor Inbetriebnahme der Maschine ist das Dampfventil auf dem Kessel ganz langsam und wenig zu öffnen, um die Rohrleitung und die Maschine anzuwärmen. Hat der Zylinder, bezw. haben die Zylinder und Zwischenbehälter der Maschine Dampfmäntel, so sind die Heizventile derselben zu öffnen.

Die Ablaßhähne in den Rohrleitungen, am Schieberkasten, an den Zylindern sind zur Abführung des sich bildenden Kondenswassers zu öffnen. Die Lufthähne an den Zylindermänteln und an den Kondensationswassertöpfen sind geöffnet zu halten, bis denselben Dampf entströmt.

Das Anwärmen der Maschine muß mit größter Vorsicht erfolgen, besonders nach langen Betriebspausen, bezw. an kalten Tagen, da bei zu schnellem oder ungenügendem Anheizen Brüche in der Maschine entstehen können.

Während des Vorwärmens der Maschine muß dieselbe geschmiert werden. Alle Schmiergefäße sowie Schmierpumpen sind nachzusehen, in Ordnung zu bringen und zu füllen. Zeigt sich, daß ein Gefäß oder Apparat nicht gut geschmiert hat, d. h. weniger Oel verbraucht hat als gewöhnlich, so muß derselbe untersucht und die etwa vorliegende Verstopfung beseitigt werden.

Frische Verdichtungen sind langsam und wiederholt anzuziehen.

Kurz vor dem Anlassen der Maschine ist das Dampfventil auf dem Kessel voll zu öffnen und nach den Arbeitssälen das Zeichen zu geben.

Zum Inbetriebsetzen der Maschine ist das Absperrventil an der Maschine allmählich zu öffnen, sodaß die Maschine langsam in Bewegung kommt. Bei Maschinen mit Kondensation ist gleichzeitig der Einspritzhahn am Kondensator zu öffnen.

Die Ablaßhähne an der Rohrleitung und an den Zylindern, sowie an den Kondenstöpfen werden geschlossen. Zeigen sich in den Zylindern Schläge, so sind die Hähne eine Zeit noch geöffnet zu lassen.

Der Maschinist darf bis zum Eintritte des regelmäßigen Ganges der Maschine dieselbe nicht verlassen.

Arbeitet eine Dampfmaschine mit Kondensation zusammen mit anderen Motoren, z. B. Wasserrädern und Turbinen, so ist streng darauf zu achten, daß beim Anlassen der Maschine dieselbe von den anderen Motoren nicht angetrieben wird, bevor Dampf gegeben ist, da der Dampfzylinder sonst als Pumpe wirken und Wasser aus dem Kondensator ansaugen kann.

Während des Betriebes ist die Maschine und alle Vorgänge an derselben stets zu beobachten.

Der Wirkungsweise der Schmiervorrichtungen ist besondere Aufmerksamkeit zu schenken.

Kurbel- und Kreuzkopflager, Schwungradachsen-Lager und die Exzenter sind gut zu beobachten.

Geht ein Lager warm, so ist dasselbe zu lüften und reichlich zu schmieren. Wenn dies nicht hilft, so ist mit einer Mischung von Schwefelblüte oder fein gepulvertem Graphit mit Oel zu schmieren.

Erhitzt sich ein Lager sehr schnell, so muß die Maschine außer Betrieb gestellt, das Lager, sowie der Zapfen untersucht werden.

Für Lager, welche bei starker Inanspruchnahme der Maschine oder hoher Dampfspannung regelmäßig warm laufen, ist Rizinusöl oder Senföl als Schmiermittel zu empfehlen.

Zeigt sich in einem Lager ein Stoß oder Schlag, so muß eine Abnutzung des Lagers angenommen werden; das Lager ist in diesem Falle vorsichtig .nachzuziehen, bezw. nachzufeilen und wieder aufzupassen.

Die Stopfbüchsen-Packungen müssen stets in gutem dichten Zustande gehalten werden. Zu diesen Packungen soll nur das beste Material und in gut passenden Stärken verwendet werden. Durch ungeeignetes, schlechtes, hartes Material werden die Kolbenstangen rissig und verdorben. Die Stopfbüchsen sind langsam und sehr gleichmäßig anzuziehen. Zu starkes Zusammenpressen der Packung gibt zu viel Reibung in den Büchsen und beschädigt die Stangen.

Schnarrt oder brummt der Kolben oder die Schieber, so muß reichlich geschmiert, und wenn dies nicht hilft, ein besseres Schmieröl angewendet werden.

Klatscht es im Zylinder, so sind die Ablaßhähne zur Entfernung des Wassers zu öffnen.

Klopfen oder schlagen die Kolbenringe, so ist reichlich zu schmieren und nachzusehen, ob dieselben abgenutzt sind und durch neue ersetzt werden müssen.

Treten im Zylinder plötzlich heftige Stöße oder Schläge auf, so ist der Betrieb zu unterbrechen und der Zylinder zu öffnen, da die Kolbenringe zerbrochen sein können.

Spielt der Regulator nicht mehr leicht und regelmäßig, so ist derselbe zu reinigen und gut zu schmieren. Die Dampfspannung im Kessel ist möglichst gleichmäßig hoch zu halten.

Das Dampfabsperrventil am Zylinder ist vollständig zu öffnen, und bei Maschinen mit Meyerscher Steuerung und Drosselventil oder Klappe ist die Maschine durch Einstellung der geeigneten Füllung zu regulieren. Geht die Maschine bei der kleinsten zulässigen Füllung noch zu schnell oder unregelmäßig, so ist es vorteilhafter, den Dampf durch das Ventil auf dem Kessel zu drosseln, als durch das Ventil am Zylinder.

Ist der Zylinder mit Heizmantel versehen, so muß derselbe auch immer mit Dampf gefüllt sein, da die Heizung auf den Dampfverbrauch der Maschine einen günstigen Einfluß hat.

Die Kondenswasserableiter der Rohrleitung und Zylinder sind auf ihre Wirkungsweise zu beobachten. Dieselben dürfen nur heißes Wasser, aber keinen Dampf ausscheiden.

Bei den Kondensationsmaschinen bilden die Angaben des Vakuummeters den Maßstab für die Wirkungsweise des Kondensators. Je besser die Luftleere, je höher das Vakuummeter steht, um so günstiger wird der Dampfverbrauch der Maschine.

Geht das Vakuummeter zurück, d. h. verschlechtert sich die Kondensation, so ist die Ursache aufzusuchen und zu beseitigen. Dieselbe kann liegen 1. in zu hoher Temperatur des Wassers, 2. in Verstopfen des Saugkorbes des Wasserrohres oder der Brause hinter dem Einspritzhahn, 3. in Undichtheit der Stopfbüchsen, 4. in schlechtem Zustande der Klappen oder des Kolbens, 5. in Undichtheiten der Verbindung zwischen Luftpumpe und Dampfzylinder, 6. in vollständigem Abschluß des Wechselventiles und 7. in Undichtheiten von Kolben und Steuerorganen des Dampfzylinders.

Der Einspritzhahn soll nicht weiter geöffnet werden, als zur Erreichung des besten Vakuummeterstandes, ohne Auftreten von Schlägen und Stößen im Kondensator, nötig.

Läuft das Wasser aus dem Kondensator wärmer ab als gewöhnlich, so ist auf Verstopfung des Wasserzuflusses oder auf Undichtheiten am Dampfzylinder zu schließen. Wird der Kondensator heiß, so ist derselbe abzustellen, bezw. der Betrieb zu unterbrechen, um ein Verbrennen der Gummiplatten zu verhüten. Der Kondensator ist alsdann durch Uebergießen mit Wasser abzukühlen.

Bei Abstellung des Kondensators und Benutzung des Wechselventiles ist darauf zu achten, daß in dem Rohre zur Fortleitung des Abdampfes ins Freie oder in eine Heizung kein Wasser vorhanden ist.

Zur Außerbetriebnahme der Maschine ist das Absperrventil am Zylinder zu schließen. Bei Maschinen mit Kondensation ist gleichzeitig der Einspritzhahn am Kondensator etwas zu schließen, unmittelbar vor dem Stillstand ist das Einspritzwasser ganz abzustellen.

Hierauf ist das Absperrventil auf dem Kessel zu schließen und sind alle Wasserablaufhähne an der Maschine zu öffnen.

Die Kurbel ist in die zum Angehen nötige Stellung zu bringen.

Die Maschine ist zu reinigen und zu putzen. Die Oelschalen und Tropfschalen sind zu leeren. Jedes Putzen der Maschine während des Betriebes ist verboten.

Soll die Maschine längere Zeit außer Betrieb stehen bleiben, so sind die Stopfbüchsenpackungen zu entfernen und alle Stangen, Bolzen und blanken Teile gut einzufetten, damit sie nicht rosten.

Die Dampfzylinder sind von Zeit zu Zeit zu öffnen und zu besichtigen. Es ist zu untersuchen, ob die Kolbenringe beweglich sind, federn und an der Zylinderwandung gut anliegen. Ist dies nicht der Fall, so müssen sie gangbar in Ordnung gebracht werden.

Zeigen sich die Zylinder- oder Kolbenflächen rauh, so ist anhaltend reichlich Oel zu geben, bis dieselben wieder glatt gelaufen sind. Sind die Kolbenringe sehr abgenutzt, so müssen neue Ringe eingesetzt und in der ersten Zeit des Gebrauches stark geschmiert werden.

Die Schieber und Ventile sind auf ihre Dampfdichtigkeit zu prüfen und, wenn erforderlich, dicht zu schleifen. Der Dampfverbrauch hängt in erster Linie ab von dem dichten Abschluß der Steuerorgane und der Kolben. Die Klappen des Kondensators sind von Zeit zu Zeit nachzusehen. Beschädigte, unbrauchbar gewordene Klappen sind zu entfernen.

Im Winter ist darauf zu achten, daß bei den Stillstandpausen über Sonn- und Feiertage die Temperatur im Maschinenraum nicht unter Null sinkt und ein Einfrieren des Wassers in den Röhren nicht vorkommt. Nach jeder an der Dampfmaschine vorgenommenen Reparatur oder Erneuerung, als Ersatz und Anpassen von Lagerschalen, Verpackung von Stopfbüchsen, Oeffnen des Zylinders, Einstellung der Steuerung etc. ist vor Inbetriebnahme der Maschine das Schwungrad mit der Hand wenigstens einmal herumzudrehen, um die Gewißheit zu erhalten, daß nirgends ein Anstoß stattfindet.

Riemen und Seile sind von Zeit zu Zeit mit einem geeigneten, für diesen Zweck besonders hergestellten Mittel einzuschmieren (Climax- u. Mars-Oel). Die Riemen sind vorher durch Abschaben zu reinigen. Neue Seile müssen vor dem Auflegen gut getrocknet werden. (S. Seite 52 u. 76.)

V. Betriebsvorschriften für elektrische Anlagen

der Allgem. Elektrizitäts-Gesellschaft Berlin.

Der Maschinenraum ist stets staubfrei zu halten. In demselben dürfen keine Schlosser- und Mechanikerarbeiten vorgenommen werden.

Gerätschaften, welche für den Betrieb nicht erforderlich sind, müssen außerhalb des Maschinenraumes aufbewahrt werden.

In der Nähe der Dynamomaschine sollen keine eisernen Gegenstände herumliegen, da dieselben beim Betriebe eventuell durch den Magnetismus der Dynamomaschine angezogen werden und dadurch leicht zu Beschädigungen des Ankers Veranlassung geben können. Ebenso dürfen Schlüssel, Schraubenzieher usw. nach dem Gebrauche nicht auf den Apparaten liegen bleiben, da dieselben leicht Kurzschlüsse herbeiführen und hierdurch ebenfalls Schaden verursachen können.

Die Dynamomaschine, insbesondere die Kommutatoren, sollen nicht mit Putzwolle, sondern nur mit Leinwandlappen gereinigt werden; die Ankerwickelung ist zeitweise mittels eines Handblasebalgs von Staub zu befreien.

Vor jeder Inbetriebsetzung hat der Wärter alle Maschinen genau zu revidieren und etwa vorgefundene Mängel abzustellen, bevor er in Betrieb geht.

Der Kommutator ist stets blank und glatt zu halten und muß, falls derselbe mit der Zeit unrund werden sollte, durch einen geübten Dreher leicht abgedreht werden.

Kleinere Brandstellen und Rillen werden durch Abschmirgeln beseitigt, doch darf dies nicht mit der Hand, sondern nur mittels des hierfür bestimmten Schmirgelholzes geschehen. Bei guter Betriebsführung genügt das Einölen und nachträgliche Trockenreiben mit einem Leinwandlappen. Das

Abschmirgeln ist nach Möglichkeit zu beschränken. Das Abschmirgeln des Kommutators der Dynamomaschinen hat nur bei unterbrochenem Stromkreis, also bei Leerlauf zu geschehen. Bei den Elektromotoren wird das Abschmirgeln vorgenommen, ehe die Arbeitsmaschine eingerückt ist.

Die Bürsten sind öfter von Kupferstaub und Oel durch Auswaschen mit Petroleum zu reinigen.

Die Auflagefläche ist stets gerade und in der richtigen Abschrägung zu halten. Vor allem ist zu große Abschrägung zu vermeiden; das Abschneiden soll nur in der Bürstenleere vorgenommen werden. Bei Geflechtbürsten sind die äußeren Spitzen mit einer Schere abzuschneiden. Kommen Kohlenbürsten zur Verwendung, so ist nach der hierfür besonders gegebenen Vorschrift zu verfahren.

Die Bürsten dürfen nie mit einer Ecke, sondern müssen stets mit der ganzen schiefen Fläche den Kommutator berühren und nur leicht an denselben angedrückt werden.

Zur schnelleren richtigen Einstellung der Bürsten ist der Umfang des Kummutators in eine, der Polzahl der Maschine entsprechende Anzahl Teile geteilt und die Teilung durch Körnerschlag auf dem äußeren Ring neben den Kummutatorlamellen fixiert. Im Falle diese Körnerschläge nicht bereits vorhanden, müssen dieselben so vorsichtig aufgeschlagen werden, daß eine Beschädigung des Kummutators gänzlich ausgeschlossen ist. Bei jedesmaliger Neueinstellung der Bürsten wird dann erst eine Bürste so eingestellt, daß die ganze schräge Fläche anliegt; darauf dreht man den Anker in der richtigen Drehrichtung so, daß ein Körnerschlag in gleicher Höhe mit der aufliegenden Bürste zu stehen kommt und stellt dann die anderen Bürsten ebenfalls in gleiche Höhe mit den entsprechenden Körnerschlägen ein.

Treten nach Belastung der Maschinen Funken an den Bürsten auf, so ist zuerst der Bürstenhebel vorsichtig nach der Richtung hin zu drehen, nach welcher die Funkenbildung geringer wird. Sind die Funken hierdurch nicht ganz zu beseitigen, so sind die Bürsten selbst ein wenig nachzustellen.

Bei den Maschinen mit Ringschmierung ist im allgemeinen monatlich einmal das Oel zu erneuern. In der ersten Betriebszeit bei neuen Maschinen ist es indessen erforderlich, das Oel öfter abzulassen und zu erneuern. Die Oeffnungsdeckel sind vor dem Wiederauflegen sorgfältig zu reinigen. Bei Maschinen mit auf den Lagern angebrachten Tropfenölern hat man sich vor dem Betriebe zu überzeugen, daß dieselben gefüllt sind und das Oel gehörig tropfenweise abgeht. Ratsam ist es, in jedes Schmierloch direkt ein paar Tropfen Oel zu gießen.

Wenn beim Angehen der Maschine eine Rückwärtsdrehung des Ankers ausgeschlossen ist, können die Bürsten vor Ingangsetzung angelegt werden, wenn der Anker in der richtigen Drehrichtung läuft.

Bei Anlagen mit nur einer Dynamomaschine bringt man bei Inbetriebsetzung zuerst die Maschinen bei vollständig eingeschaltetem Widerstand des Nebenschlußregulators und vorherigem Ausschalten etwa abzweigender Bogenlampenstromkreise auf die richtige Tourenzahl, schaltet den Maschinenhebel ein und bringt dann erst die Maschine durch allmähliches Ausschalten des Nebenschlußwiderstandes auf die vorgeschriebene Betriebsspannung.

Würde man die Dynamomaschine zuerst auf die vorgeschriebene Spannung bringen und dann den Hebel einschalten, so könnte, wenn bereits viele Lampen eingeschaltet sind, durch die plötzliche Belastung der Riemen abfallen oder gar reißen.

Während des Betriebes ist die erforderliche Betriebsspannung stets genau einzuhalten, was durch Regulieren am Nebenschlußregulator erreicht werden kann.

Bei Anlagen mit mehreren parallel geschalteten Maschinen setzt man zunächst eine Maschine, wie oben angegeben, in Betrieb und schaltet dann nach Bedarf die übrigen nach einander derartig zu, daß man dieselben nach vorheriger Bürsteneinstellung und bei der erforderlichen Umdrehungszahl entgegen der Inbetriebsetzung der ersten Maschine zuerst auf gleiche oder etwas höhere Spannung mit der oder den in Betrieb befindlichen bringt und hierauf erst den zugehörigen Maschinenschalthebel einschaltet.

Bei zwei Maschinen derselben Größe belastet man dieselben im allgemeinen gleichmäßig, bei verschiedener Größe entsprechend dieser. Treten häufig starke Stromschwankungen ein, so ist es bei Anlagen mit vielen Maschinen vorteilhaft, dem größeren Teile konstante Belastung zu geben und nur eine oder zwei Maschinen dem jeweiligen Stromverbrauch entsprechend mehr oder weniger zu belasten, damit ein etwaiges Verstellen der Bürsten nur bei letzteren Maschinen erforderlich wird.

Handelt es sich nur um das Abstellen einer Maschine nach beendetem Betriebe, so geschieht dies dadurch, daß man erst alle Bogenlichtstromkreise ausschaltet, sodann am Nebenschlußregulator allmählich den gesamten Widerstand einschaltet, bis die Stromstärke nahezu gleich Null wird und schließlich die Haupthebel unterbricht. Soll dagegen bei Parallelbetrieb mehrerer Dynamos wegen eingetretener Belastungsverminderung eine Maschine außer Betrieb gesetzt werden, so kann man nicht einfach den Widerstand des zugehörigen Nebenschlußregulators einschalten und dann diese Maschine durch Unterbrechen des entsprechenden Schalthebels abschalten, sondern man schaltet zunächst nur wenig Widerstand am zugehörigen Regulator ein und belastet durch allmähliches Ausschalten von Widerstand am Nebenschlußregulator einer der anderen Maschinen. nach und nach diese mit der Last abzustellenden Maschine, indem man immer abwechselnd Widerstand zu- bezw. abschaltet und schließlich, kurz bevor die Stromstärke der abzustellenden Maschine ganz auf Null gesunken ist, den Schalthebel derselben unterbricht.

In gleicher Weise verfährt man beim Abstellen weiterer Dynamos bis zur letzten, welche schließlich in der oben für eine Maschine angegebenen Weise außer Betrieb gesetzt wird.

Man schaltet zunächst den Schalthebel ein und bewegt dann die Kurbel des Anlaßwiderstandes von „langsam" bis „normal", indem man Feld zu Feld eine kleine Pause läßt, um dem Motor Zeit zu geben, seine entsprechende Geschwindigkeit allmählich anzunehmen.

Sind Anlaß- und Regulierwiderstand nicht zu einem

Apparat vereinigt (hauptsächlich bei Anwendung von Flüssigkeitswiderständen), so ist zuerst der Nebenschlußwiderstand auf „normal“ zu schalten und dann erst mittels des Anlaßwiderstandes der Ankerstrom langsam zu schließen.

Sind irgend welche Arbeiten an einem Elektromotor oder dessen Stromkreis vorgenommen worden, so überzeuge man sich bei der ersten Inbetriebsetzung, nachdem der Magnetstromkreis eingeschaltet ist, mit Hülfe eines Stückchen Eisens, welches man an die Magnetpole hält, ob kräftiger Magnetismus vorhanden ist. Erst in diesem Falle darf der Ankerstromkreis geschlossen werden.

Die betreffende Arbeitsmaschine ist, sofern sie nicht mit dem Elektromotor direkt gekuppelt oder durch ein Rädervorgelege verbunden ist, erst dann einzuschalten, wenn der Motor Geschwindigkeit angenommen hat. Will man ausnahmsweise eine größere Umdrehungszahl erreichen, so geht man mit der Kurbel des Widerstandes entsprechend über „normal“ hinaus.

Beim Abstellen erfolgen die Handgriffe in umgekehrter Reihenfolge wie oben, d. h. man bringt zuerst den Riemen der Arbeitsmaschine auf die Leerscheibe und dreht dann den Hebel des Widerstandes soweit zurück, bis er an dem Anschlagstift anlangt, also keine Messingkontakte mehr berührt. Diese Bewegung kann rasch geschehen. Erst dann unterbricht man an dem Ausschalter. Bei getrenntem Anlaß- und Regulierwiderstand ist zuerst der Anlaßwiderstand auszuschalten und dann erst am Regulierwiderstand der Magnetstrom zu schwächen, sodann wird mittels des Schalthebels der Strom ganz unterbrochen.

Bleibt ein Elektromotor aus irgend welcher Veranlassung stehen (z. B. beim Abstellen der Zentralstation), so ist die Kurbel des Anlaßwiderstandes vor allem sofort in die Nullstellung zu bringen.

Für Behandlung der Akkumulatoren sind die besonderen Vorschriften zu beachten.

Bei Inbetriebsetzung von Anlagen mit Akkumulatoren werden zunächst die Akkumulatoren eingeschaltet und mittels des Zellenschalters auf die vorgeschriebene Spannung gebracht. Das Zuschalten von Dynamomaschinen parallel zur Batterie hat in derselben Weise zu geschehen wie beim Parallelbetriebe von Dynamomaschinen (siehe vorhergehende Seite). Werden bei vorhandenem Maschinenbetriebe die Akkumulatoren nachträglich zugeschaltet, so hat dies derart zu geschehen, daß bei unterbrochenem Schalthebel die Klemmenspannung mittels des Zellenschalters (bei Doppelzellenschalter mittels der Entladekurbel) entsprechend der Maschinenspannung oder etwas höher gewählt und dann erst der Schalthebel eingelegt wird.

Während der Ladung der Batterie werden die zuerst geladenen Zellen, welche mit dem Zellenschalter in Verbindung stehen, mittels desselben abgeschaltet. Bei Anlage mit Doppelzellenschaltern, bei welchen während dieser Zeit Lampen brennen, muß entsprechend dem Abschalten von geladenen Zellen die Spannung an den Lampen durch Regulieren mittels der Entladekurbel des Zellenschalters auf der vorgeschriebenen Höhe gehalten werden.

Sämtliche Schaltapparate sind täglich mit einem Abstäuber zu reinigen.

Alle Kontaktflächen sind blank zu halten, doch dürfen dieselben nur ausnahmsweise abgeschmirgelt, gewöhnlich aber mit einem Benzin- oder Petroleumlappen abgerieben werden.

Alle Schrauben, die blanke stromführende Teile zusammenhalten, ebenso die Bleistöpsel, sind von Zeit zu Zeit vorsichtig nachzuziehen.

Das Reinigen der Apparate soll möglichst nicht während des Betriebes stattfinden.

Das Umlegen von Schalthebeln, das Unterbrechen der Ausschalter und Hahnfassungen hat rasch zu erfolgen. Unnützes Spielen an diesen Apparaten ist verboten.

Bei Zellenschaltern ist darauf zu achten, daß der Kontaktschlitten nicht gleichzeitig auf 2 Schleifflächen stehen bleibt. Man erkennt dies daran, daß der Arretierstift eingeschnappt ist und eine weitere Vorwärts- und Rückwärtsbewegung des Schleifkontaktes nicht gestattet.

Bei den Apparaten mit Federn, namentlich bei den selbsttätigen Ausschaltern, sind diese Federn öfters auf ihre Wirksamkeit zu prüfen.

Bei Transport von Bogenlampen fasse man dieselben nur an den festen Teilen an.

Vor dem Einsetzen neuer Kohlen müssen die Lampen ausgeschaltet und gereinigt werden. Zum Reinigen der Kohlenhalter und der Führungen verwende man einen Staubpinsel und einen etwas mit Benzin angefeuchteten, weichen Lappen, keinenfalls aber Putzwolle. Zahnstangen oder Transportketten müssen beim Einsetzen neuer Kohlen vor dem Hochschieben sorgfältig abgestaubt werden, damit der Schmutz nicht durch Zahnstange oder Kette in das Uhrwerk der Kette gelangen kann.

Die Kohlenhalter dürfen nicht mit Gewalt in die Höhe geschoben werden; beim Herausziehen der Kohlenreste sind die Kohlenhalter festzuhalten.

Beim Einsetzen neuer Kohlen ist in den oberen Halter die Dochtkohle, in den unteren die homogene Kohle einzuführen und darauf zu achten, daß sich die Kohlen einander genau gegenüberstehen. Die Kohlen dürfen nur so lang sein, daß sich die Spitzen auf mindestens 4 mm von einander entfernen lassen. Nach dem Einsetzen werden die Kohlen ein wenig gegeneinander gerieben, so daß sich ihre Spitzen berühren.

Werden Kohlen verwendet, welche schon einmal gebrannt haben, so ist darauf zu achten, daß dieselben bei 2 in ein und demselben Stromkreis brennenden Lampen gleich lang sind. Kohlenreste unter 5 cm Länge sollen überhaupt nicht verwendet werden.

Es ist darauf zu achten, daß die Lampen nicht mit falschen Kohlen brennen, was daran zu sehen ist, daß die größte Helligkeit nach oben abgegeben wird und sich an der unteren Kohle eine Höhlung bildet, welche beim normalen Brennen an der oberen Kohle auftreten muß.

Das Herauf- und Herunterlassen hat langsam und bei ausgeschalteter Lampe zu geschehen. Die Aufzüge und Drahtseile sind jedes Vierteljahr auf ihren tadellosen Zustand zu revidieren und eventuell vorgefundene Mängel sind sofort abzustellen.

Beim Einschrauben von Glühlampen in die Fassungen sind dieselben nicht mit Gewalt einzupressen, sondern dem Gefühl nach hinreichend fest einzuschrauben.

Das Ausschalten von Lampen durch Lockern derselben in der Fassung ist unstatthaft. Hierzu dienen die Hahnfassungen oder besondere Ausschalter.

Beim Reinigen der Lampen sind dieselben nicht abzuwaschen, sondern nur mit einem weichen, trockenen Lappen abzureiben.

In unmittelbare Berührung mit brennbaren Stoffen dürfen die Lampen nicht gebracht werden.

Glühlampen dürfen durch solche von größerer Lichtstärke nur dann ersetzt werden, wenn die Leitungen für den hierfür erforderlichen stärkeren Strom genügen.

Das Auswechseln von Fassungen soll stets bei geöffnetem Stromkreise am Ausschalter oder Bleistöpsel geschehen. Der Draht ist bei der Einführung in dem Nippel sorgfältig zu isolieren. Die untergeklemmten Drahtenden dürfen nicht unter den Anschlußschrauben herausragen.

Verlöscht eine Glühlampe, so ist zuerst nachzusehen, ob sich dieselbe in der Fassung gelockert oder ob der Kohlenfaden derselben durchgebrannt ist.

Ist dies nicht der Fall, so sieht man nach, ob die benachbarten Lampen ebenfalls nicht funktionieren. Es ist in diesem Falle der Stöpsel der zugehörigen Sicherung gelockert oder durchgebrannt oder sonst die Leitung unterbrochen. Der Bleistöpsel muß dann durch einen neuen ersetzt werden, welcher für dieselbe Stromstärke wie der frühere gestempelt sein muß. Erstreckt sich das Nichtfunktionieren auf eine grössere Lampengruppe, so ist die Hauptsicherung nachzusehen.

Schmilzt der neu eingesetzte Bleistöpsel schnell wieder durch, so ist zu vermuten, daß ein Teil der betreffenden Leitung oder ein Ausschalter in derselben oder eine Lampenfassung Kurzschluß hat. In solchem Falle muß eine genaue Kontrolle dieser Teile vorgenommen und dem Mangel sofort abgeholfen werden.

Die Leitungen sind nie unnötig zu berühren, namentlich nicht mit metallischen Teilen.

Das Einschlagen von Nägeln in der Nähe von Leitungen darf nur mit großer Vorsicht geschehen, da sonst leicht Beschädigungen, Kurz- und Erdschlüsse entstehen können.

Beim Reinigen der Decke und Wände sollen die Leitungen nicht befeuchtet werden.

Das Leitungsnetz ist mindestens zweimal monatlich zu prüfen und sind alle Unregelmäßigkeiten sofort zu entfernen. Insbesondere sind Lockerungen der Bleistöpsel, des Befestigungsmaterials, das Herunterhängen von Drähten usw. zu beseitigen.

Bei kleineren Aenderungen, Anschluß von Lampen usw. sind die Verbindungen der Drähte nur durch Lötung herzustellen; jedoch darf Lötsäure nicht verwendet werden, sondern nur säurefreies Lötwasser, Stearin oder Kolophonium. Die Lötstellen sind sorgfältig zu isolieren.

Untersuchungen an Leitungen, insbesondere Veränderungen an denselben, sind ausschließlich von den damit vertrauten Leuten vorzunehmen.

VI. Vorsichtsbedingungen für elektrische Licht- und Kraftanlagen.

(Aufgestellt vom Verbande Deutscher Privat-Feuerversicherungs-Gesellschaften.)

Betriebsanlagen. Dynamomaschinen und Elektromotoren dürfen nur in Räumen aufgestellt werden, in denen eine Explosion durch Entzündung von Gasen, Staub oder Fasern ausgeschlossen sit.

Dynamomaschinen und Elektromotoren sind derart aufzustellen, daß etwaige Feuererscheinungen im Anker oder am Kollektor keine Entzündung hervorrufen können.

Stromführende Apparate sind von entzündlichen Gegenständen durch feuersichere Zwischenanlagen zu trennen.

In Akkumulatorenräumen darf keine andere als elektrische Glühlichtbeleuchtung stattfinden, und während der Ladung dürfen darin brennende oder glühende Gegenstände nicht geduldet werden.

Leitungen. Leitungen müssen an gefährdeten Stellen vor Verletzung geschützt sein. Holzleisten müssen in einem fäulnisverhindernden Stoffe vollständig getränkt sein und dürfen nur in dauernd trockenen Räumen verlegt werden.

Blanke Leitungen sind nur außerhalb von Gebäuden und in feuersicheren Räumen ohne brennbaren Inhalt, soweit sie vor Beschädigungen oder zufälliger Berührung gesichert sind, ferner in Maschinen- oder Akkumulatoren-Räumen, welche nur dem Bedienungspersonal zugänglich sind, gestattet. In allen anderen Räumen sind nur isolierte Leitungen zulässig.

Die Entfernungen zwischen blanken Leitungen, welche verschiedene Spannung haben, sollen mindestens $2^1/_2$ cm betragen. Leitungen, welche auf ihrer ganzen Länge durch isolierende Befestigungen gehalten sind, dürfen so dicht nebeneinander gelegt werden, als es die isolierende Zwischenlage gestattet. Die Anwendung von Zwillingsleitungen, welche mit einer kräftigen Umhüllung versehen sind, ist zulässig.

Verbindungen zwischen zwei Leitungen dürfen nur durch Verlöten oder eine dem Verlöten gleichwertige Verbindungsart hergestellt werden und sind bei isolierten Leitungen mindestens eben so gut zu isolieren, wie die Leitungen selbst. Verbindungen zwischen Leitungen und Apparaten dürfen nur durch Verschraubung oder Verlöten hergestellt sein. Abzweigstellen müssen durch feste Unterstützungen von Zug entlastet sein.

Leitungen dürfen nicht zur Aufhängung benutzt werden, sondern müssen durch besondere Auufhängevorrichtungen, welche jederzeit kontrollierbar sind, entlastet sein. Für Bogenlampenleitungen sind Ausnahmen gestattet.

Die höchstzulässige Stromstärke für Draht und Kabel aus Leitungskupfer ist für Querschnitte

bis	5 mm²	5	Ampère	pro 1	qmm
„	10 „	4	„	„ 1	„
„	50 „	3	„	„ 1	„
über	50 „	2	„	„ 1	„

Der geringst zulässige Kupferquerschnitt ist $^3/_4$ qmm.

Sicherungen. Sämtliche Leitungen müssen zweipolig gesichert sein.

Sicherungen müssen den Strom unterbrechen, sobald die Stromstärke das Doppelte des Normalen überschritten hat.

Auf den Sicherungen und den Sockeln derselben muß die normale Stromstärke, welche dieselben durchfließen soll, angegeben sein. Sicherungen sollen tunlichst derart konstruiert sein, daß das Einsetzen falscher Sicherungen verhindert wird.

An jeder Stelle, an welcher sich der Querschnitt der Leitungen verringert, muß eine Sicherung eingeschaltet sein; ist die Anbringung derselben unmittelbar an den Abzweigstellen der Leitung nicht angängig, so muß die von den Abzweigstellen nach der Sicherung führende Leitung von dem gleichen Querschnitte sein, wie derjenige der Leitung, von welcher die zu sichernde Leitung abzweigt. Ist in letzterem

Falle eine Leitung von solchem Querschnitte an der Sicherung nicht verwendbar, so soll es gestattet sein, dieselbe von kleinerem Querschnitte zu wählen, jedoch nicht unter der Hälfte des Querschnittes. Einzelne Lampenleitungen dürfen mit einer gemeinsamen Sicherung versehen sein, falls die gesamte Stromstärke dieser Leitungen 5 Amp. nicht überschreitet. Zwillingsleitungen und bewegliche Leitungen müssen jedoch jede einzeln gesichert sein.

Apparate. Die stromführenden Teile sämtlicher in eine Leitung eingeschalteten Apparate müssen von feuersicheren Hüllen soweit umgeben sein, daß sie sowohl vor Berührung durch Unbefugte geschützt, als auch von brennbaren Gegenständen feuersicher getrennt sind.

In Räumen, in denen eine Explosion durch Entzündung von Gasen, Staub oder Fasern stattfinden kann, dürfen Apparate, in welchen eine Erhitzung oder eine Stromunterbrechung möglich ist, nicht angebracht werden.

Sämtliche Apparate müssen mindestens ebenso sorgfältig von der Erde isoliert sein, wie die in betreffenden Räumen verlegten Leitungen. Lampenträger sollen tunlichst von der Erde isoliert sein.

Apparate, welche zur Stromunterbrechung dienen, müssen derart eingerichtet sein, daß die Stromunterbrechung selbsttätig rasch erfolgt und daß dabei ein Stehenbleiben der Ausschaltekontakte in einer anderen als in der Ausschaltelage ausgeschlossen ist.

Glühlampen. Glühlampen dürfen in Räumen, in denen eine Explosion durch Entzündung von Gasen, Staub oder Fasern stattfinden kann, nur mit dichtschließenden Ueberglocken, welche auch die Fassungen einschließen, verwendet werden.

Glühlampen, welche mit entzündlichen Stoffen in Berührung kommen können, müssen mit Schalen, Glocken oder Drahtgittern versehen sein, durch welche die unmittelbare Berührung der Lampen mit entzündlichen Stoffen verhindert wird.

Bogenlampen. Bogenlampen dürfen in Räumen, in denen eine Explosion durch Entzündung von Gasen, Staub oder Fasern stattfinden kann, nicht verwendet werden.

Bogenlampen müssen mit Glocken und mit dichtschließenden Aschentellern versehen sein.

Prüfung und Revision. Neuanlagen sind bei Inbetriebsetzung durch Sachverständige zu prüfen. Alle Anlagen sind in der Regel jährlich mindestens einmal zu revidieren. Diese Prüfung bezw. Revision hat sich insbesondere dahin zu richten, ob die betreffende elektrische Anlage obigen Bedingungen entspricht.

VII. Wiederbelebung der vom elektr. Strom Getroffenen.

Die Wiederbelebungsversuche bei von elektrischem Strom Getroffenen sind genau die gleichen wie die allgemein bekannten, die man bei Ertrunkenen anstellt. Sie beruhen darauf, daß man die ausgesetzte Atmung künstlich wieder einzuleiten sucht. Es ist in einem solchen Falle folgendermaßen zu verfahren:

1. Alle den Körper des Verunglückten beengenden Kleidungsstücke sind zu öffnen.
2 Man lege den Verunglückten auf den Rücken und bringe ein Polster aus zusammengelegten Kleidungsstücken unter die Schultern. Das Polster muß so groß sein, daß das Rückgrat gestützt wird, der Kopf dagegen frei nach hinten überhängt.
3. Man öffne den Mund des Verunglückten evtl. durch seitliches Einschieben eines Holzkeiles zwischen die Zähne, ziehe die Zunge mit einem Tuche hervor und binde sie über die Unterlippe mittels eines schmalen Tuches fest, das man im Nacken knotet. (In den auf den Zechen befindlichen Anleitungen ist diese wichtige Maßregel meist nicht enthalten; sie ist nötig, weil sonst die schlaff gewordene, zurückgefallene Zunge die Luftröhre verschließt und so eine Atmung unmöglich macht.)
4. Nun kniee man hinter den Kopf des Betäubten nieder, das Gesicht ihm zugewandt, ergreife beide Arme unterhalb der Ellenbogen und ziehe sie über seinen Kopf hinweg, so daß man sie fast zusammenbringt. In dieser Einatmungslage sind die Arme 2—3 Sekunden lang festzuhalten, dann bewege man sie abwärts, beuge sie und presse die Ellenbogen mit dem eigenen Körpergewicht fest gegen die Brustseite des Betäubten. In dieser Ausatmungslage sind die Arme

ebenfalls 2—3 Sekunden lang festzuhalten. Sodann zieht man die Arme wieder über den Kopf hinweg usw. Man wiederhole das Ausstrecken und Anpressen der Arme möglichts regelmäßig und ohne Uebereilung, etwa 15 Mal in der Minute. Sind zwei Helfer vorhanden, können die Versuche derart ausgeführt werden, daß jeder einen Arm ergreift und beide gleichzeitig auf das Kommando, 1, 2—3, 4 die Bewegungen machen.

VIII. Praktische Verfahren und Rezepte.

Festbrennen der Hahnkegel bei Probier- und Wasserstandshähnen usw. wird verhütet, wenn man die Kegel mit folgender Schmiere einreibt: 100 Wachs, 50 Kautschuk, 200 Unschlitt zusammengeschmolzen und dann etwas Graphitpulver zugesetzt. Die Schmiere ist vor dem Auftragen etwas anzwärmen.

Lösen festsitzender Holzschrauben. Man bringe ein glühendes Eisen dicht in die Nähe der Schrauben oder lege es auf die Schraubenköpfe. Dadurch trocknet das Holz stark aus und die Schrauben werden locker.

Bohren gehärteter Stahlstücke kann mittels gewöhnlicher Spitzbohrer geschehen, die man in rotwarmem Zustande mit der Spitze in Quecksilber taucht und dann in Wasser ganz abkühlt, ohne den Stahl anzulassen.

Ueberziehen der Riemscheibenwölbungen mit Papier zur Erhöhung der Anhaftungskraft. Die Wölbung wird, nachdem dieselbe mit einer groben Schrotfeile gleichmäßig aufgerauht ist, mit einer Lösung, bestehend aus $^1/_5$ Salpetersäure, $^4/_5$ Wasser, etwa 3mal bestrichen und dann mit kochendem Wasser abgewaschen. Nachdem die Scheibe etwas angewärmt ist, wird der Umfang mit gutem Tischlerleim, dem 1—2 Eßlöffel Gerbsäure zugesetzt ist, bestrichen, desgleichen das vorher passend beschnittene und angefeuchtete Papier (kräftiges Manilapapier). Während des Trocknens schrumpft das Papier zusammen und schmiegt sich unlöslich dem Scheibenumfang an. Nach etwa 1—$1^1/_2$ Jahren muß der Papierüberzug erneuert werden.

Fensteranstrich zur Abhaltung der Sonnenstrahlen. Man streicht die Scheiben auf der inneren Seite mit einer dünnflüssigen Mischung von Schlämmkreide und Milch an, und zwar in solch dünner Schicht, daß die Umrisse der außenstehenden Gebäude usw. noch erkannt werden. Der Anstrich sitzt genügend fest auf dem Glase, kann jedoch, sobald wieder mehr Licht wünschenswert ist, leicht mit Wasser entfernt werden.

Rostschutzmittel bildet ein dünner Anstrich mit einer Mischung, bestehend aus 50 Wachs auf 1 Lanolin, geschmolzen oder mit Terpentin verdünnt aufgetragen.

Konservierung von Hanfseilen. Auf je 1 l Wasser werden 100 g Seife gelöst und dann das trockene Seil durchgezogen, worauf es getrocknet wird; dann folgt ein Anstrich von dünnem, heißen Teer und Trocknung an der Luft. — Auf je 1 l Wasser werden 150 g Kupfersulfat (Kupfervitriol) gelöst und das trockene Seil etwa 4 Tage in dieser Lösung gehalten. Ein Anstrich von dünnem, heißen Teer vollendet den Prozeß, nach welchem das Seil noch zum Trocknen der Luft ausgesetzt wird.

Anstrich zur Erkennung warmlaufender Lager u. dergl. Das Doppelsalz von Quecksilberjodid und Kupferjodür, $Hg_2 Cu_2 J_4$, hat für gewöhnlich eine rötliche Farbe, die aber sofort in schwarz übergeht, wenn die Temperatur auf 60—65° steigt. Infolge dieser Eigenschaft kann obige Verbindung als sicheres und billiges Kennzeichen warmlaufender Maschinenteile benutzt werden, indem man die letzteren ganz oder teilweise mit diesem Doppelsalz anstreicht. Die Veränderung in der Farbe des Anstrichs fällt schon scharf ins Auge, sobald die betreffenden Teile gut „handwarm“ geworden sind.

Glattes Abschneiden von Wasserstandsgläsern ohne Diamant. Das Glasrohr wird mittels einer sogen. Sägenfeile oder dreikantigen Schlichtfeile an einer Stelle (nicht rundum) angefeilt, das Rohr dann, solange die angefeilte Stelle noch warm ist, so in beide Hände genommen, daß die Daumen der eingefeilten Stelle gerade gegenüber das Glas berühren und die Zeigefinger auf der Seite rechts und links derselben liegen, erfolgt nun ein kleiner Druck der Daumen auf das Glas bezw. gegen die Zeigefinger, so bricht das Rohr an dieser Stelle leicht und glatt ab; ein Zersplittern kommt nicht vor.

Tabelle 1.

Vergl. d. Temperaturskalen Celsius, Réaumur u. Fahrenheit.

Celsius	Réaumur	Fahrenheit	Celsius	Réaumur	Fahrenheit	Celsius	Réaumur	Fahrenheit
— 30	— 24,0	— 22,0	+ 14	11,2	57,2	+ 58	46,4	136,4
— 29	— 23,2	— 20,2	15	12,0	59,0	59	47,2	138,2
— 28	— 22,4	— 18,4	16	12,8	60,8	+ 60	48.0	140,0
— 27	— 21,6	— 16,6	17	13,6	62,6	61	48,8	141,8
— 26	— 20,8	— 14,8	18	14,4	64,4	62	49,6	143,6
— 25	— 20,0	— 13,0	19	15,2	66,2	63	50,4	145,4
— 24	— 19,2	— 11,2	+ 20	16,0	68,0	64	51,2	147,2
— 23	— 18,4	— 9,4	21	16,8	69,8	65	52,0	149,0
— 22	— 17,6	— 7,6	22	17,6	71,6	66	52,8	150,8
— 21	— 16,8	— 5,8	23	18,4	73,4	67	53,6	152,6
— 20	— 16,0	— 4,0	24	19,2	75,2	68	54,4	154,4
— 19	— 15,2	— 2,2	25	20,0	77,0	69	55,2	156,2
— 18	— 14,4	— 0,4	26	20,8	78,8	+ 70	56,0	158,0
— 17	— 13,6	1,4	27	21,6	80,6	71	56,8	159,8
— 16	— 12,8	3,2	28	22,4	82,4	72	57,6	161,6
— 15	— 12,0	5,0	29	23,2	84,2	73	58,4	163,4
— 14	— 11,2	6,8	+ 30	24,0	86,0	74	59,2	165,2
— 13	— 10,4	8,6	31	24,8	87,8	75	60,0	167,0
— 12	— 9,6	10,4	32	25,6	89,6	76	60,8	168,8
— 11	— 8,8	12,2	33	26,4	91,4	77	61,6	170,6
— 10	— 8,0	14,0	34	27,2	93,2	78	62,4	172,4
— 9	— 7,2	15,8	35	28,0	95,0	79	63,2	174,2
— 8	— 6,4	17,6	36	28,8	96,8	+ 80	64,0	176,0
— 7	— 5.6	19,4	37	29,6	98,6	81	64,8	177,8
— 6	— 4,8	21,2	38	30,4	100,4	82	65,6	179,6
— 5	— 4,0	23,0	39	31,2	102,2	83	66,4	181,4
— 4	— 3,2	24,8	+ 40	32,0	104,0	84	67,2	183,2
— 3	— 2,4	26,6	41	32,8	105,8	85	68,0	185,0
— 2	— 1,6	28,4	42	33,6	107,6	86	68,8	186,8
— 1	— 0,8	30,2	43	34,4	109,4	87	69,6	188,6
0	0,0	32,0	44	35,2	111,2	88	70,4	190,4
+ 1	+ 0,8	33,8	45	36,0	113,0	89	71,2	192,2
2	1,6	35,6	46	36,8	114,8	+ 90	72,0	194,0
3	2,4	37,4	47	37,6	116,6	91	72,8	195,8
4	3,2	39,2	48	38,4	118,4	92	73,6	197,6
5	4,0	41,0	49	39,2	120,2	93	74,4	199,4
6	4,8	42,8	+ 50	40,0	122,0	94	75,2	201,2
7	5,6	44.6	51	40,8	123,8	95	76,0	203,0
8	6,4	46,4	52	41,6	125,6	96	76,8	204,8
9	7,2	48,2	53	42,4	127,4	97	77,6	206,6
10	8,0	50,0	54	43,2	129,2	98	78,4	208,4
11	8,8	51,8	55	44,0	131,0	99	79,2	210,2
12	9,6	53,6	56	44,8	132,8	+ 100	80,0	212,0
13	10,4	55,4	57	45,6	134,6			

0^0 C. = $0{,}0^0$ R. = $32{,}0^0$ F.

Tabelle 2.

Drücke der Manometer der 3 Kältemedien, welche den Temperaturen des ablaufenden Kühlwassers entsprechen.

Beträgt die Temperatur des ablaufenden Kühlwassers				so zeigt das Druckmanometer während der Arbeit der Maschine Atm. Ueberdruck.		
Grad Cels.	Grad Réaumur	Grad Fahrenh.		SO_2	NH_3	CO_2
+15	+12,0	+59,0		2,30	7,79	57,10
16	12,8	60,8		2,4	8,09	58,55
17	13,6	62,6		2,5	8,40	60,00
18	14,4	64,4		2,65	8,70	61,45
19	15,2	66,2		2,75	9,00	62,90
20	16,0	68,0		2,95	9,31	64,40
21	16,8	69,8		3,05	9,65	65,94
22	17,2	71,6		3,2	9,99	67,48
23	18,4	73,4		3,3	10,33	69,02
24	19,2	75,2		3,45	10,67	70,56
25	20,0	77,0		3,65	11,01	72,1
26	20,8	78,8		3,75	11,39	73,7
27	21,6	80,6		3,9	11,77	74,3*
28	22,4	82,4		4,05	12,15	
29	23,2	84,2		4,2	12,53	
30	24,0	86,0		4,4	12,91	
31	24,8	78,8		4,55	13,33	
32	25,6	89,6		4,75	13,75	
33	26,4	91,4		4,95	14,17	
34	27,2	93,2		5,1	14,59	
35	28,0	95,0		5,35	15,01	

* kritischer Druck der CO_2 = 74,3 Atm. bei + 31,35° C. kritischer Temperatur.

Tabelle 3. **Tabelle des Wasserdampf-Gewichtes,**

welches ein Kubikmeter gesättigter Luft bei folgenden Temperaturen enthält.

Grade	Gramme	Grade	Gramme	Grade	Gramme	Grade	Gramme
— 10	2,156	+7	7,732	+24	21,578	+41	53,274
— 9	2,339	8	8,243	25	22,830	42	55,989
— 8	2,537	9	8,784	26	24,143	43	58,820
— 7	2,751	10	9,356	27	25,524	44	61,772
— 6	2,984	11	9,961	28	26,970	45	64,848
— 5	3,238	12	10,600	29	28,488	46	68,056
— 4	3,513	13	11,276	30	30,078	47	71,395
— 3	3,889	14	11,987	31	31,744	48	74,871
— 2	4,135	15	12,739	32	33,490	49	78,491
— 1	4,487	16	13,531	33	35,317	50	82,257
0	4,868	17	14,367	34	37,229	51	86,173
+ 1	5,209	18	15,246	35	39,286	52	90,247
+ 2	5,570	19	16,172	36	41,322	53	94,483
+ 3	5,953	20	17,148	37	43,508	54	98,883
+ 4	6,359	21	18,191	38	45,593	55	103,453
+ 5	6,790	22	19,252	39	48,181	56	108,200
+ 6	7,246	23	20,386	40	50,672	57	113,130

Beispiel: Zeigt der Hygrograph bei einer Temperatur von + 15° 60 Prozent an, so findet man in der Tafel für 15° 12,739 Gramm, hiervon nimmt man 60 Prozent, also 0,6 × 12,739 = Gramm Wasserdampf enthält 1 Kubikmeter dieser Luft.

Bezugsquellen-Verzeichnis.

Ammoniakdichtungsplatten:
Gust. Kleemann, Hamburg, Reichenhof.
H. Schwieder, Dresden-N.

Ammoniak (flüssig, wasserfrei):
Frankfurter Kohlensäurewerk, Rödelheim b. Frankf. a. M.

Arborventil (für Stahlflanschen):
Akt.-Ges. für Kohlensäure-Industrie, Berlin NW 6.

Armaturen:
J. C. Eckardt, Stuttgart-Cannstatt.

Atmungsapparate:
Gust. Kleemann, Hamburg, Reichenhof.
C. B. König, Altona-Elbe.

Baumwollpackungen:
Gust. Kleemann, Hamburg, Reichenhof.
H. Schwieder, Dresden-N.

Beratende Ingenieure:
Ed. Reif, Ravensburg i. Württ.
Peter Stahl, Nürnberg.

Blätterholzkohlenplatten:
Gätjens & Co., Hamburg, Klosterburg.

Brauerei-Glasuren:
Dr. Engelskirchen & Cie., G. m. b. H., Köln-Bickendorf.

Ceres-Schläuche (für Wasser, Bier etc.):
H. Schwieder, Dresden-N.

Chlormagnesium:
„Concordia", chem. Fabrik a. Akt., Leopoldshall-Staßfurt.

Climax (Riemen-Adhäsionsmittel):
A. Philipp Puth, Berlin C 2.

Dampfhahnschmiere:
C. A. Löwe, Berlin-N.
Dampfmesser:
J. C. Eckardt, Stuttgart-Cannstatt.
Dieselmotor-Dichtungen:
Gust. Kleemann, Hamburg, Reichenhof.
Eismaschinenfarben:
Dr. Engelskirchen & Cie., G. m. b. H., Köln-Bickendorf.
Rosenzweig & Baumann, Kassel.
Frischauer & Comp., Asperg (Württ.).
Eismaschinenringe (I d e a l):
Gust. Kleemann, Hamburg, Reichenhof.
Eiszellen u. Eiszellenwagen:
Bald & Co., G. m. b. H., Siegen i. Westph.
Feuchtigkeitsmesser:
Wilh. Lamprecht, Göttingen.
Feuerungskontrollapparate:
J. C. Eckardt, Stuttgart-Cannstatt.
Flüssigkeitswagen:
J. C. Eckardt, Stuttgart-Cannstatt.
Glyzerin:
C. F. Boehringer & Söhne, chem. Fabr., Mannh.-Waldhof.
Hygrometer:
Wilh. Lamprecht, Göttingen.
Isolierungen:
C. & E. Mahla, Nürnberg.
Gätjens & Co., Hamburg, Klosterburg.
Kesselspeisewassermesser:
J. C. Eckardt, Stuttgart-Cannstatt.
Kohlensäure (f l ü s s i g e w a s s e r f r e i):
Akt.-Ges. für Kohlensäure-Industrie, Berlin NW 6.
Frankfurter Kohlensäurewerk, Rödelheim b. Frankf. a. M.
Kompressor-Oele:
C. A. Löwe, Berlin-N.
Kompressordichtungsringe (R i g o i t):

Kondensatorklappen:
H. Schwieder, Dresden-N.
Mars-Oel (Riemenimprägnierungsmittel):
A. Philipp Puth, Berlin C 2.
Manometer:
Dreyer, Rosenkranz & Droop, Hannover.
J. C. Eckardt, Stuttgart-Cannstatt.
Metallpackungen (f. Stopfbüchsen):
Gust. Huhn, G. m. b. H., Berlin NW. 87.
Nauton:
Rosenzweig & Baumann, Cassel.
Oelreinigungsapparate:
Balduin Weißer-Söhne & Cie., Basel.
J. C. Eckardt, Stuttgart-Cannstatt.
F. W. Kutzscher jun., Schwarzenberg i. S.
Pumpenpackungen (Exzelsior):
Gust. Kleemann, Hamburg, Reichenhof.
Quecksilber-Federthermometer:
J. C. Eckardt, Stuttgart-Cannstatt.
Rauchschutz-Apparate:
Gust. Kleemann, Hamburg, Reichenhof.
C. B. König, Altona-Elbe.
Rauchgasprüfer:
J. C. Eckardt, Stuttgart-Cannstatt.
Salzlöser, automatische (Satisfakteur):
Balduin Weißer-Söhne & Cie., Basel.
Salzwasserwagen (metall. Indikateur):
Balduin Weißer-Söhne & Cie., Basel.
Siderosthen-Lubrose (Rotschutzfarbe):
Aktien-Ges. Joh. Jesserich, Charlottenburg.
Schmiergefäße:
F. W. Kutzscher jun., Schwarzenberg i. S.
Schutzanstriche:
Aktien-Ges. Joh. Jesserich, Charlottenburg.
Dr. Engelskirchen & Cie., Köln-Bickendorf.
Frischauer & Comp., Asperg (Württ.).
Rosenzweig & Baumann, Kassel.

Schläuche (für Eiszellenfüllapparate):
H. Schwieder, Dresden-N.

Schwefligsäure (flüssig-wasserfrei):
Chem. Fabrik Grünau, Landshoff u. Meyer, A.-G., Grünau bei Berlin.

Stahlflaschen (für CO_2):
Akt.-Ges. f. Kohlensäure-Industrie, Berlin NW. 6.

Stopfbüchsenpackung-Exzelsior:
Gust. Kleemann, Hamburg, Reichenhof.

Thermometer:
J. C. Eckardt, Stuttgart-Cannstatt.

Wassermesser:
J. C. Eckardt, Stuttgart-Cannstatt.

Zugmesser:
J. C. Eckardt, Stuttgart-Cannstatt.